Next.js/React
開発入門

三好 アキ [著]

本書内容に関するお問い合わせについて

　このたびは翔泳社の書籍をお買い上げいただき、誠にありがとうございます。
　弊社では、読者の皆様からのお問い合わせに適切に対応させていただくため、以下のガイドラインへのご協力をお願い致しております。
　下記項目をお読みいただき、手順に従ってお問い合わせください。

ご質問される前に

　弊社Webサイトの「正誤表」をご参照ください。これまでに判明した正誤や追加情報を掲載しています。

　　正誤表　URL https://www.shoeisha.co.jp/book/errata/

ご質問方法

　弊社Webサイトの「書籍に関するお問い合わせ」をご利用ください。

　　書籍に関するお問い合わせ　URL https://www.shoeisha.co.jp/book/qa/

　インターネットをご利用でない場合は、FAXまたは郵便にて、下記"翔泳社 愛読者サービスセンター"までお問い合わせください。電話でのご質問は、お受けしておりません。

回答について

　回答は、ご質問いただいた手段によってご返事申し上げます。ご質問の内容によっては、回答に数日ないしはそれ以上の期間を要する場合があります。

ご質問に際してのご注意

　本書の対象を超えるもの、記述個所を特定されないもの、また読者固有の環境に起因するご質問等にはお答えできませんので、予めご了承ください。

郵便物送付先およびFAX番号

　　送付先住所　　〒160-0006　東京都新宿区舟町5
　　FAX番号　　　03-5362-3818
　　宛先　　　　　（株）翔泳社 愛読者サービスセンター

※本書に記載されたURL等は予告なく変更される場合があります。
※本書の対象に関する詳細はvページをご参照ください。
※本書の出版にあたっては正確な記述につとめましたが、著者や出版社などのいずれも、本書の内容に対してなんらかの保証をするものではなく、内容やサンプルに基づくいかなる運用結果に関してもいっさいの責任を負いません。
※本書に掲載されているサンプルプログラムやスクリプト、および実行結果を記した画面イメージなどは、特定の設定に基づいた環境にて再現される一例です。
※本書に記載されている会社名、製品名はそれぞれ各社の商標および登録商標です。

はじめに

　本書はNext.jsを初めて使う人を対象にしたビギナー向け入門書です。読み終えた時、「Next.jsって難しそうだったけど意外にそうでもないな」「Next.jsでアプリケーションを開発してみたい」といった前向きな気持ちを持ってもらうことを目的に書かれています。そのため本書ではNext.jsの網羅的な解説や高度な事柄の紹介は目指さず、自分でコードを1行1行書きながら、ひとつのアプリケーションを作り上げていくプロセスを丁寧に解説することに重点を置いています。

　本書を通して、Next.jsの可能性、ひいては自分の手で何かを作り上げる「モノづくり」の楽しさを感じてもらええれば幸いです。

2024年7月吉日
三好アキ

本書のねらい

　本書はビギナー向けに書かれた入門書です。本書執筆時の最新バージョンであるNext.js 14.1.4（Appルーター）をバックエンドとフロントエンドに使ったウェブアプリケーションの開発を通して、Next.jsの基本的な使い方を身に付けます。本書で作るアプリケーションはベーシックなものですが、CRUD操作（Chapter 1-03参照）というアプリケーションの基本機能がすべて入っているので、これを叩き台にして、実際のプロダクトとして通用するアプリケーションへと大きく発展させていくこともできるでしょう。

　「作りながら楽しく学ぶ」ということが本書の一番のねらいなので、目で読むだけでなく、ぜひ自分の手でコードを書きながら学習を進めてください。読み進めていく中では難しく感じるところもあると思います。しかし「少し背伸びをすればできる」ということへの挑戦こそが、自分の力を伸ばし、そして「自分にもできるんだ」という自信を得るための近道です。

　開発するアプリの完成見本には下記URLからアクセスできます。一度目を通してみましょう。

URL https://nextbook-fullstack-app-folder.vercel.app

　これはメルカリのように、売りたいアイテムを持っている人がアカウント作成をしてログインすると、アイテムの登録、修正、削除の操作ができるようになっているアプリです。データベースにはMongoDB、ログインにはJSON Web Token、画像の保存はCloudinaryを使っています。開発言語にはJavaScriptを使うので、TypeScriptの経験は必要ありません。またスタイリングはシンプルな素のCSSで行い、Tailwind CSSなどのCSSフレームワークは導入していません。入門書としてNext.js自体に集中してもらうためです。

本書の対象読者と本書の構成について

本書の対象読者
　本書は入門書なので、Next.jsの経験や知識は必要ありません。しかしJavaScriptの基礎知識は必要です。また、開発を進める中でReactの基本はある程度わかるようになっていますが、Reactを触った経験が少しでもあれば、よりスムーズに学習を進められるでしょう。コード管理ツールGitの簡単な操作が第5章と第9章に一部ありますが、本書でGitの解説はしていないので注意してください。

本書の構成
　本書は全10章構成で、前半でバックエンド開発、後半でフロントエンド開発を行います。第1章はウェブアプリケーションの仕組み、バックエンドとフロントエンドそれぞれの役割といった、アプリケーション開発を行う上での必須知識の解説です。第2章からはNext.jsを使ったバックエンド開発を始め、第3章ではデータベースとの連携やアイテムの作成、読み取り、修正、削除機能を作り、第4章ではログイン機能を開発します。そうやって開発してきたバックエンドを、GitとVercelを使ってオンライン上に公開するのが第5章です。

　第6章以降はフロントエンド開発です。データベースの準備やReactの基本的な使い方を紹介する第6章の後、ユーザー登録とログイン画面の開発を行う第7章、アイテムの表示、登録、修正、削除の画面を作る第8章が続きます。第9章では完成したフロントエンドをVercelでオンライン上に公開し、最後の第10章では画像の保存方法やローディング機能の追加を行って、アプリケーションの完成度を高めます。

　なお、Next.jsバージョン14で安定版となった新機能「Server Actions」を使えば、バックエンドを分離して開発しなくても、フロントエンドだけで本書と同じ機能を持ったアプリを開発できるようになりました。ビギナー向けの本書では、応用範囲の広い、より汎用的な手法を紹介したいので、Next.js固有の機能であるServer Actionsは使わず、バックエンドのAPIをフロントエンドからは分離して開発する方法で進めます。APIとServer Actionsについては、第5章のコラム「APIとServer Actions、どっちを使う？」も参考にしてください。

本書のサンプルの動作環境と付属データ・会員特典データについて

本書で使用するツールと、そのバージョン

　本書ではMac（Ventura）を使って開発を行います。Windowsの方は一部コマンドラインの表示が異なることに注意してください。Next.jsは執筆時の最新バージョンである14.1.4、Node.jsはバージョン20.9.0、VS Codeはバージョン1.87.2、ブラウザはGoogle Chromeを使います。

JSONデータの整形

　本書ではJSONと呼ばれる形式のデータが何度も登場します。しかし、JSONデータをブラウザでそのまま表示すると読みにくいので、Google Chromeのエクステンション「JSON Formatter」で整形して見やすくしています。「JSON Formatter」と調べるか、もしくは URL https://monotein.com/books/nextjs-react-book/link-page の「はじめに」からアクセスし、Google Chromeに追加してください。

付属データのご案内

　付属データは、以下のサイトからダウンロードして入手いただけます。

・付属データのダウンロードサイト
　`URL` https://www.shoeisha.co.jp/book/download/9784798184678

　また著者のほうでも本書で出てくる参考URLやソースコードのダウンロードリンクなどをすべて、下記URLのページにまとめてあります。各章終了時点のコードもGitHubに用意してあるので、参考にしてください。

　`URL` https://monotein.com/books/nextjs-react-book/link-page

注意

　付属データに関する権利は著者および株式会社翔泳社が所有しています。許可なく配布したり、Webサイトに転載することはできません。

　付属データの提供は予告なく終了することがあります。あらかじめご了承ください。

会員特典データのご案内

　会員特典データは、以下のサイトからダウンロードして入手いただけます。

・会員特典データのダウンロードサイト
　`URL` https://www.shoeisha.co.jp/book/present/9784798184678

注意

　会員特典データのダウンロードには、SHOEISHA iD（翔泳社が運営する無料の会員制度）への会員登録が必要です。詳しくは、Webサイトをご覧ください。

　会員特典データに関する権利は著者および株式会社翔泳社が所有しています。許可なく配布したり、Webサイトに転載することはできません。

　会員特典データの提供は予告なく終了することがあります。あらかじめご了承ください。

免責事項

　付属データおよび会員特典データの記載内容は、2024年7月現在の法令等に基づいています。

　付属データおよび会員特典データに記載されたURL等は予告なく変更される場合があります。

　付属データおよび会員特典データの提供にあたっては正確な記述につとめましたが、著者や出版社などのいずれも、その内容に対してなんらかの保証をするものではなく、内容やサンプルに基づくいかなる運用結果に関してもいっさいの責任を負いません。

　付属データおよび会員特典データに記載されている会社名、製品名はそれぞれ各社の商標および登録商標です。

著作権等について

　付属データおよび会員特典データの著作権は、著者および株式会社翔泳社が所有しています。個人で使用する以外に利用することはできません。許可なくネットワークを通じて配布を行うこともできません。個人的に使用する場合は、ソースコードの改変や流用は自由です。商用利用に関しては、株式会社翔泳社へご一報ください。

2024年7月
株式会社翔泳社　編集部

目次

はじめに　III
本書のねらい　IV
本書の対象読者と本書の構成について　V
本書のサンプルの動作環境と付属データ・会員特典データについて　VI

Chapter 1　基礎知識と開発ツールの準備　1

- 01　ウェブサイトとウェブアプリケーションの違い　2
- 02　フロントエンドとバックエンド　4
- 03　CRUD操作　12
- 04　Reactが使われる理由　14
- 05　Next.jsが使われる理由　16
- 06　ターミナルの使い方　18
- 07　Node.jsのダウンロード　19
- 08　npmについて　20
- 09　VS Codeのダウンロード　22
- 10　Thunder Clientのインストール　23
- 11　エラーが発生した場合の対処方法　24

Chapter 2　バックエンド開発の準備　25

- 01　Next.jsのインストール　26
- 02　フォルダの中身　30
- 03　バックエンド開発で使うフォルダの準備　32
- 04　バックエンドフォルダの働き　34
- 05　必要なフォルダとファイルの作成　40

Chapter 3　アイテム操作機能　47

- 01　アイテムの作成　その1　48
- 02　アイテムの作成　その2　59
- 03　アイテムの読み取り（アイテムをすべて）　87
- 04　アイテムの読み取り（アイテムをひとつ）　91
- 05　アイテムの修正　104
- 06　アイテムの削除　110

Chapter 4　ユーザー登録とログイン機能　113

- 01　ユーザー登録機能　114
- 02　ログイン機能　122
- 03　ログイン状態の維持　130
- 04　ユーザーのログイン状態を判定する機能　138
- 05　誰がログインしているかを判定する機能　150

IX

Chapter 5　バックエンドのデプロイ　　155
01　デプロイの手順（Vercel）　156

Chapter 6　フロントエンド開発の準備／
　　　　　　Reactの書き方／
　　　　　　サーバーコンポーネント　　161
01　アイテムデータの保存　162
02　コードのクリーンアップ　168
03　Reactの書き方とスタイルの適用方法　169
04　サーバーコンポーネント　173

Chapter 7　ユーザー登録ページとログインページ　　179
01　必要なフォルダとファイル　180
02　ユーザー登録ページ　184
03　ログインページ　205

Chapter 8　アイテムページ　　219
01　すべてのアイテムデータを読み取るページ　220
02　ひとつだけアイテムデータを読み取るページ　234
03　アイテムデータを作成するページ　246
04　アイテムデータを編集するページ　258
05　アイテムデータを削除するページ　270
06　ページの表示を制限する　277
07　スタイルの適用と共通コンポーネント　293

Chapter 9　フロントエンドのデプロイ　　299
01　バックエンドURLの修正（環境変数の設定）　300

Chapter 10　ブラッシュアップ　　305
01　画像のアップロード機能の開発　306
02　ローディング　315
03　メタデータの設定方法　319
04　本書を終えた後の勉強の進め方　325

あとがき　326

INDEX　327

PROFILE　333

Chapter1
基礎知識と開発ツールの準備

Next.js開発を始める前に、ウェブアプリケーションの仕組みを確認しましょう。ウェブアプリケーションとウェブサイトの違い、バックエンドとフロントエンドの役割などを確認した後、ReactとNext.jsの特徴に触れ、本章後半では開発ツールのインストールをして、次章から始まるバックエンド開発の準備をします。

01 ウェブサイトとウェブアプリケーションの違い

アプリケーション開発を始める前に知っておきたい必須知識を紹介します。

　みなさんはこれまでHTML／CSSを使った開発を一度はしたことがあると思いますが、そうして完成したものは、例えばInstagramやX（旧Twitter）のように、画像やコメントなどを投稿できるようになっていたでしょうか。おそらくそうはなっていなかったと思います。HTML／CSSだけで作れるものは、「ウェブサイト」に分類されるものだからです。

　ここで、「ウェブサイト」と「ウェブアプリケーション（ウェブアプリ）」の違いは何か、という疑問が出てくると思います。この2つは、ユーザーとのやりとりが一方通行か、あるいは双方向かという点で区別できます。ウェブアプリケーションの例として、ここではクチコミを投稿できるサービスを考えてみましょう。

　アプリケーションを開くと、たくさんのクチコミがブラウザに表示されます。これらのクチコミがどこから来たのかを考えてみると、私たちがアクセスする前に、たくさんのユーザーがすでにクチコミを投稿していたので、今このように表示されているのだとわかります。つまりユーザーは、このクチコミサービスに対して「クチコミを投稿（作成）する」というアクションを起こせることがわかります。さらにもう少し考えてみると、例えば自分のクチコミに誤字脱字を見付けた場合は「クチコミを修正する」、クチコミを消したい場合は「クチコミを削除する」というアクションも可能だと推測できます。

このように、アプリケーションとユーザーの間では、クチコミサービス側が一方的に情報を提供するだけではなく、ユーザーはそこに対して何らかのアクションを起こすことも可能です。これは情報のやりとりが「双方向」であるといえ、これこそがウェブアプリケーションの特徴になります。

　一方で「ウェブサイト」の例として、近くの飲食店のホームページを考えてみましょう。そこにはメニューやシェフのこだわり、営業時間、電話番号などが書いてありますが、私たちユーザーは、その情報に対してアクションを起こして変更を加えたり、あるいは新しい情報を追加したりといったことはできません。つまり情報の流れがここでは「一方通行」であるのがわかります。

▼表1.1：ウェブサイトとウェブアプリケーションの違い

	情報の流れ	例
ウェブサイト	一方通行	企業や飲食店のホームページなど
ウェブアプリケーション	双方向	メルカリ、X（Twitter）、クチコミサービスなどのウェブサービス全般

　このように、ウェブアプリケーションとウェブサイトの最大の違いは情報の流れにあります（表1.1）。しかしこれでいつもはっきりと区別が付くのかというと、決してそうではありません。例えば飲食店のホームページにお問い合わせページがあって、そこからユーザーが連絡を取れるようになっていたとしましょう。すると、これはもはや「一方通行のやりとり」ではなくなります。このように、ウェブアプリケーションとウェブサイトの境目は必ずしも明確なものではなく、また厳密に区別する必要があるわけでもないことを覚えておきましょう。

02 フロントエンドとバックエンド

> フロントエンドとバックエンドの働きを実例を見ながら確認しましょう。

　次に、一方通行のやりとりしかできないウェブサイトに双方向のやりとりをする機能を追加して、ウェブアプリケーションへと変える方法を考えてみましょう。ウェブアプリケーションに必要なものは2つあります。ひとつが「フロントエンド」、もうひとつが「バックエンド」と呼ばれるものです。

　フロントエンドとは、Google ChromeやSafariなどのブラウザで私たちが目にしている部分です。ここには主にHTMLとCSSが使われているので、「フロントエンド」とは先ほど出てきた「ウェブサイト」と同じもののように見えます。確かに「ウェブサイト」を「フロントエンド」と呼べないこともないですが、機能の面で双方向のやりとりはHTMLとCSSだけでは実現できません。JavaScriptが必要になります。つまりウェブアプリケーションにおける「フロントエンド」とは、「HTML + CSS + JavaScript」で作られたものを指すことになります。そしてこのフロントエンドと双方向のやりとりを行うパートナー、それが次に説明するバックエンドです（表1.2）。

▼表1.2：ウェブサイトとウェブアプリケーションの構成要素

	構成要素
ウェブサイト	フロントエンド（HTML／CSS）
ウェブアプリケーション	フロントエンド（HTML／CSS／JavaScript）＋バックエンド

　再びクチコミサービスを例に使うと、ユーザーのブラウザ（フロントエンド）から投稿されたクチコミは、バックエンドへと送られます。そしてバックエンドにあるデータベースに保存され、次にユーザーのアクセスがあった時には、そのデータをフロントエンドへと送り、クチコミをブラウザに表示します。ま

たクチコミに修正を加えた場合は、フロントエンドから送られてきた修正済みのデータで、データベースに保存してある情報を上書きすることで修正を実現します。

　このように見るとフロントエンドとは、ユーザーからの操作を受け付けたり、バックエンドから送られてきたデータを表示したりする単なる窓口に過ぎず、データベースへの書き込みを始めとする複雑な操作を行っているのは実はバックエンドだと考えられます。

　言葉による説明が続いたので、ここからは実際のフロントエンドとバックエンドを確認していきましょう。下記URLを開いてください。これは次章以降作っていくアプリの完成見本です（図1.1）。

URL https://nextbook-fullstack-app-folder.vercel.app

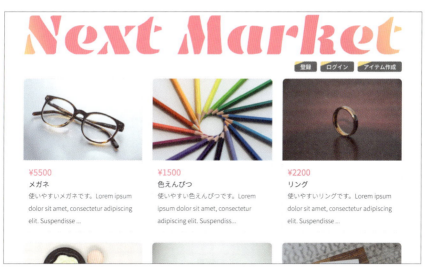

▲図1.1：見本アプリ

次は下記URLを開いてください。

URL https://nextbook-fullstack-app-folder.vercel.app/api/item/readall

図1.2のように大量の情報が表示されます。

▲図1.2：全アイテムデータのページ

　ここで注目してもらいたいのは、一番上に見える**allItems**のすぐ下の部分です。リスト1.1のようになっています。

▼リスト1.1：アイテムデータの詳細

```javascript
{
    "_id": "6544de037786109292871b67",
    "title": "メガネ",
    "image": "/img1.jpg",
    "price": "5500",
    "description": "使いやすいメガネです。Lorem ipsum dolor sit amet, consectetur adipiscing elit. Suspendisse maximus est tellus.......Cras erat ex, rhoncus id blandit id, commodo ac leo. In hac habitasse platea dictumst.",
    "email": "miyoshi@gmail.com",
    "__v": 0
},
```

　imageのところにある**/img1.jpg**をクリックすると、図1.3のメガネの写真が表示されます。

▲図1.3：アイテムの画像1

これは見本アプリの左上に表示されていた画像と同じものです（図1.4）。

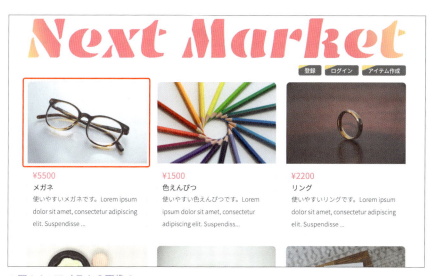

▲図1.4：アイテムの画像2

　さらによく見てみると、`title`や`price`、`description`といった部分に書かれているデータも同じです。他のデータを見ても、見本アプリとの間には同じ対応関係が成り立っているのを確認できます。

ここからわかるのは、今ブラウザに表示されているウェブアプリケーションのフロントエンド部分というのは、図1.2のデータにCSSなどで色を付けたり整えたりして見やすくしたものを表示しているに過ぎず、フロントエンド部分が自主的にデータを生み出したり、写真を選んだりしているのではないということです。

　もうひとつ例を見てみましょう。下記URLを開いてください。

> URL https://nextbook-fullstack-app-folder.vercel.app/item/readsingle/65478ff981349fcd3162bf87

図1.5のように個別のアイテムがひとつ表示されます。

▲図1.5：アイテムのページ

　次は下記URLを開いてください。

> URL https://nextbook-fullstack-app-folder.vercel.app/api/item/readsingle/65478ff981349fcd3162bf87

図1.6のように個別のアイテムデータが表示されます。

```
{
  "message": "アイテム読み取り成功（シングル）",
  "singleItem": {
    "_id": "65478ff981349fcd3162bf87",
    "title": "色えんぴつ",
    "image": "/img2.jpg",
    "price": "1500",
    "description": "使いやすい色えんぴつです。Lorem ipsum dolor sit amet, consectetur adipiscing elit. Suspendisse maximus est tellus, eget porta leo tristique a. Donec hendrerit massa leo, id tempus dolor vulputate et. Pellentesque consectetur dolor placerat euismod pellentesque. Integer scelerisque, augue ac ullamcorper sodales, neque lectus tristique turpis, id luctus lectus lorem eu tortor. In imperdiet semper accumsan. Etiam pellentesque libero et scelerisque vehicula. Nam quis justo mi. Cras erat ex, rhoncus id blandit id, commodo ac leo. In hac habitasse platea dictumst.",
    "email": "miyoshi@gmail.com",
    "__v": 0
  }
}
```

▲図1.6：アイテムデータのページ

　ここでも先ほどのメガネの例のように、同じ対応関係が成り立っているのがわかります。

　次章からバックエンド開発を始めますが、そのゴールは、下記URLのようなフロントエンドにデータを供給する部分を作ることです（図1.7）。

URL https://nextbook-fullstack-app-folder.vercel.app/api/item/readall

```
{
  "message": "アイテム読み取り成功（オール）",
  "allItems": [
    {
      "_id": "6544de037786109292871b67",
      "title": "メガネ",
      "image": "/img1.jpg",
      "price": "5500",
      "description": "使いやすいメガネです。Lorem ipsum dolor sit amet, consectetur adipiscing elit. Suspendisse maximus est tellus, eget porta leo tristique a. Donec hendrerit massa leo, id tempus dolor vulputate et. Pellentesque consectetur dolor placerat euismod pellentesque. Integer scelerisque, augue ac ullamcorper sodales, neque lectus tristique turpis, id luctus lectus lorem eu tortor. In imperdiet semper accumsan. Etiam pellentesque libero et scelerisque vehicula. Nam quis justo mi. Cras erat ex, rhoncus id blandit id, commodo ac leo. In hac habitasse platea dictumst.",
      "email": "miyoshi@gmail.com",
      "__v": 0
    },
    {
      "_id": "65478ff981349fcd3162bf87",
      "title": "色えんぴつ",
      "image": "/img2.jpg",
      "price": "1500",
      "description": "使いやすい色えんぴつです。Lorem ipsum dolor sit amet, consectetur adipiscing elit. Suspendisse maximus est tellus, eget porta leo tristique a. Donec hendrerit massa leo, id tempus dolor vulputate et. Pellentesque consectetur dolor placerat euismod pellentesque. Integer scelerisque, augue ac ullamcorper sodales, neque lectus tristique turpis, id luctus lectus lorem eu tortor. In imperdiet semper accumsan. Etiam pellentesque libero et scelerisque vehicula. Nam quis justo mi. Cras erat ex, rhoncus id blandit id, commodo ac leo. In hac habitasse platea dictumst.",
      "email": "miyoshi@gmail.com",
      "__v": 0
    },
    {
      "_id": "6547903681349fcd3162bf8c",
      "title": "リング",
      "image": "/img3.jpg",
      "price": "2200",
      "description": "使いやすいリングです。Lorem ipsum dolor sit amet, consectetur adipiscing elit. Suspendisse maximus est tellus, eget porta leo tristique a. Donec hendrerit massa leo, id tempus dolor vulputate et. Pellentesque consectetur dolor placerat euismod pellentesque. Integer
```

▲図1.7：全アイテムデータのページ

技術的な面からいうと、フロントエンドで使えるものはHTML／CSS／JavaScriptと決まっているのに対し、バックエンド開発に使えるテクノロジー（プログラミング言語）はRuby、Python、Goなど複数あります。後ほど触れますが、Next.jsはReactのフレームワークであり、そのReactはJavaScriptのフレームワークなので、本書のバックエンド開発で使うプログラミング言語はもちろんJavaScriptです。

　なおウェブアプリケーション開発では、「フロントエンド」「バックエンド」以外にも「サーバー」「データベース」「クライアント」「バックエンドサーバー」「APIサーバー」「フルスタックアプリ」などさまざまな用語が出てきます。各用語は使われる文脈や使う人によって細かな違いがありますが、簡単に整理したものが表1.3です。

▼表1.3：用語と説明

用語	説明
APIサーバー、バックエンドサーバー、ウェブサーバーなど	「バックエンド」と同義
クライアント	「フロントエンド」と同義
データベース	データを保存するところ
サーバー	クライアントとデータベースの間に立って処理を行うところ（図1.8参照）
フルスタックアプリ	フロントエンドとバックエンドの両方を持ったアプリ

　これを図にしたものが図1.8です。

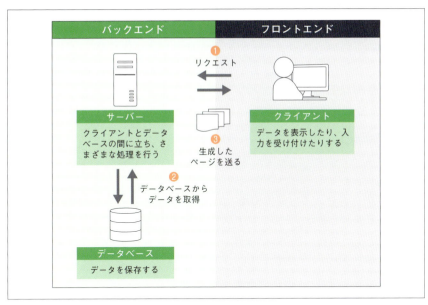

▲図1.8：フロントエンドとバックエンドの関係

　本書で作るアプリケーションは、メルカリのように、ユーザーが販売したいアイテムをアプリケーション上で登録でき、またアイテムの説明文を修正したり、アイテムを削除したりする操作も可能です。そのため、必要となるバックエンドの機能はただ単にデータを表示するだけでなく、ユーザーの実行した操作を処理する部分も必要になります。なので次は、ユーザーが実行する操作にはどのようなものがあるかを見ていきましょう。

03 CRUD操作

> どんなに複雑に見えるアプリケーションでも、実はこの4つの操作しか行っていません。

　私たちがクチコミサービスやInstagramなどのウェブアプリケーションを使っている場面を考えてみると、アプリケーションが行っている操作が実は次の4つしかないことに気がつきます。クチコミサービスを例にすると、まずユーザーがアクセスした時に行われるクチコミを表示する操作です。これはアプリケーションがデータを「読み込んで」行います。次はユーザーがクチコミを投稿した時の操作で、これは新規にデータを作ることなので「作成」です。そうやって作成されたクチコミにユーザーが誤りを見付けて直した場合は「修正」、そしてクチコミを消した場合は「削除」という操作になります。

　これら4つの操作は大半のウェブアプリケーションに共通するもので、ウェブ開発の用語ではGET、POST、PUT、DELETEと呼び、その総称をHTTPメソッドといいます（表1.4）。

▼表1.4：HTTPメソッド

HTTPメソッド	操作
GET	読み込み
POST	作成
PUT	修正
DELETE	削除

　そしてこれら4つの操作はウェブ分野に限らず、実は広くコンピューターやソフトウェア開発でもベースとなっている操作です。そのためウェブ分野ではHTTPメソッドと呼びますが、より一般的にはCRUDといいます。HTTPメソッドとCRUDの対応関係をまとめたものが表1.5です。

▼表1.5：HTTPメソッドとCRUD

HTTPメソッド	操作	CRUD
GET	読み込み	**R**ead
POST	作成	**C**reate
PUT	修正	**U**pdate
DELETE	削除	**D**elete

　以上、ウェブアプリケーションの仕組みと働きを見たので、次はウェブアプリケーション開発に使われるツール、ReactとNext.jsについて確認しましょう。

04 Reactが使われる理由

> Reactが開発された背景や、JavaScriptフレームワークについて簡単に紹介します。

　従来、アプリケーションとは手元のコンピューターにダウンロードして使うものでした。しかしブラウザの高機能化により、ダウンロードという手順なしでも、ブラウザ上でアプリケーションを使えるようになります。これが「ウェブアプリケーション」と呼ばれるものです。ウェブアプリケーションの登場で、多くの人がアプリケーションを気軽に利用できるようになる一方、新たな問題も出てきます。アプリケーション開発の大規模化と複雑化です。

　ダウンロード型アプリケーションの開発では、JavaやC#など、使用できるプログラミング言語の選択肢が多く、大規模開発に最適なものを選ぶことができました。しかしウェブアプリケーション開発では、その選択肢はブラウザ上で唯一動くプログラミング言語のJavaScriptに限定されます。しかしJavaScriptは、アプリケーション開発のために作られた言語ではありません。開発の複雑化やアプリケーション管理の難しさといった問題の深刻度は増していきました。

　これらの問題の解決策として開発されたのが、JavaScriptフレームワークです。2010年ごろの黎明期には、Backbone.jsやEmber.jsなど複数のJavaScriptフレームワークが世に出て人気を集めましたが、2010年代中盤以降のJavaScriptフレームワークの需要は、React、Vue、そしてAngularの3つに集中しています。日本では長い間Vueの人気が高く、次にReact、最後にAngularという順位でした。しかし近年では、Reactの人気がVueを超えてきています。ReactはYahoo Japan!、Uber、Netflix、Instagramなど非常に多くのウェブアプリケーションで使われているので、実は世界中の人が日常的にReactで作られたアプリケーションに触れているのです。

なおReactは、厳密には「フレームワーク」ではなく「ライブラリ」であるとされますが、本書では読者のわかりやすさと記述の簡潔さを優先して「フレームワーク」で統一しています。

　Reactの登場でウェブアプリケーション開発は効率的になりました。しかし実は、React自体が提供している機能は最小限です。例えば「ページ移動をする」「SEO対策をする」といったごく基本的な機能をアプリケーションに追加する場合にも、必要なパッケージをReactにインストールする必要があります。それらの機能をあらかじめ備え、さらにプラスアルファで便利な機能を盛り込んだツールが、次に紹介するNext.jsです。

05 Next.jsが使われる理由

> Next.jsが「Reactフレームワーク」と呼ばれる理由は何でしょうか？

　Next.jsは一般的に「Reactフレームワーク」と紹介されます。しかしここで多くの人が疑問に思うのが、「React自体がJavaScriptのフレームワークなのに、なぜその上にさらにフレームワークがあるのか」という点です。先ほど触れたように、React自体が用意している機能は最小限度のため、開発を始める前、開発をしている最中、そして開発後のリリース時には多くの作業が発生します。この中にはほとんどのアプリケーションで必要な機能（ページ設定など）や定型化している作業も多くあります。そのため、最初からそれらが備わっているツール、つまりインストールと同時にすぐに開発を始められ、そこからアプリケーションのリリースまでもスムーズにつなげられるツールがあれば非常に便利です。そこで作られたのが「Reactフレームワーク」であり、その代表がNext.jsになります。

　ReactはMeta（旧Facebook）によって作られたものですが、Next.jsはVercelというカリフォルニアに拠点を置く企業によって開発されています。2016年10月のリリース以来、Next.jsは着実に人気を集めており、React公式サイトの「Reactの始め方」ページでも、Next.jsの使用が推奨されているほどです。開発現場においても、Reactアプリケーションの開発にNext.jsを使うことは一般的で、React開発のスタンダードといえる地位をNext.jsは築いているといえるでしょう。以下、Next.jsを使うメリットを簡単に紹介します（表1.6）。

▼表1.6：Next.jsの特徴

特徴	解説
開発から公開まで一気通貫	Vercelはアプリケーションのデプロイサービスも提供しており、開発から公開までスムーズに進められる。
豊富なレンダリングの選択肢	アプリケーションの目的や用途に応じて最適なものを選べる。SSR（Server Side Rendering）／SSG（Static Site Generation）／ISR（Incremental Static Regeneration）など。
ルーティング	React開発で手間のかかるページ設定をシンプルに実現できる。
画像最適化	アプリケーションのスピード低下をもたらす画像を自動で最適化してくれる。
SEO設定	外部パッケージなしでも簡単にSEO設定が行える。
コード分割（Code Splitting）	不要なコードを読み込まないようにし、アプリケーションのパフォーマンスを高める。
バックエンド機能	本来はバックエンド側の機能であるAPIを開発でき、フロントエンドとバックエンドを持ったいわゆるフルスタックアプリをNext.jsだけで作れる。本書ではこの機能を活用。

　以上、アプリケーションの仕組みとNext.jsの紹介をしたので、ここからは開発を始める準備をしていきましょう。

06 ターミナルの使い方

> ターミナル操作はこの3つを知っていればまずは十分です。

ターミナルは「Launchpad」内の「その他（Other）」フォルダにあるので、クリックして開きましょう。ターミナル操作は一見難しく見えますが、最初に覚えることは表1.7の3つのコマンドだけです。

▼表1.7：基本的なターミナル操作

cd	cd ..	ls
フォルダを移動する	ひとつ前のフォルダに戻る	フォルダの中身を表示する

例えばls（エルエス）を使うと、フォルダの中身が表示されます。ターミナルにlsと打ち、[Enter]キーで実行してみましょう。著者のコンピューターでは次のように表示されます（表示されるものは読者の環境によって異なることがあります）。

```
mod728:~ mod728$ ls
Applications    Downloads    Public
Desktop         Library      Pictures
Documents       Movies
```

07 Node.jsのダウンロード

Node.jsとnpmを公式サイトからダウンロードしましょう。

　Node.jsは下記公式サイトからダウンロードしてください。ダウンロードできるバージョンには、安定版の「LTS」と最新版の「CURRENT」があります。特別な理由がない限りは「LTS」をダウンロードしましょう。

URL https://nodejs.org/en/download

　なお本書で使うNext.jsバージョン14においては、Node.jsのバージョンが18.17よりも上であることが要件です。過去にNode.jsを使ったことのある人は、下記コマンドでインストールされているNode.jsのバージョンを確認してください。

```
% node -v
```

次のようにインストールされているNode.jsのバージョンが表示されます。

```
v20.9.0
```

　Node.jsのバージョンをアップデートする方法はいくつかありますが、細かいことを考える必要がないのであれば、上記Node.js公式サイトから「LTS」をダウンロードしましょう。古いバージョンが最新バージョンで上書きされるので、手軽に済みます。

08 npmについて

npmはNode Package Managerの略語です。

　ウェブアプリケーション開発で使うさまざまな周辺テクノロジーを「パッケージ」と呼びます。スマートフォンに「アプリ」をインストールして基本機能を拡張するように、ウェブアプリケーション開発でも「パッケージ」をインストールして機能を追加、拡張していくのです。このパッケージのインストールや管理に使われるのがnpmで、Node.jsと一緒にインストールされます。インストールされているか確かめるには、`npm -v`とターミナルに打ち、[Enter]キーを押してください。下記のようにnpmのバージョンが表示されたら、インストールされています。

```
% npm -v
10.1.0
```

ターミナル

　パッケージマネージャーにはnpm以外にyarnやpnpmもありますが、本書ではnpmを使います。なお各パッケージにはバージョンがあり、バージョンによって機能の異なることがあります。本書の各パッケージは執筆時（2024年3月）の最新版を使っていますが、読む時期によっては新しいバージョンがリリースされており、本書の指示通りにコードを書いても意図通りに動かない可能性があります。

　次章でくわしく解説しますが、パッケージのインストールは次のようなコマンドをターミナルに入力して行います。`mongoose`というパッケージをインストールする例で見てみましょう。

```
% npm install mongoose
```

　このようにすると、mongooseの最新版がインストールされます。もし過去のバージョンを指定したい場合は、@を使って次のようにします。ここではバージョン5.2を指定しています。

```
% npm install mongoose@5.2
```

　本書で使っている各パッケージのバージョンは、GitHubにある完成見本コードの**package.json**というファイルの**dependencies**に書いてあるので、必要な時はそちらを確認してください。

09 VS Codeのダウンロード

> VS Codeはウェブアプリ開発でもっとも使われているエディターです。

　本書ではMicrosoftの無料のコードエディター、VS Codeを使って開発をしていきます。下記リンクからダウンロードしてください。

URL https://code.visualstudio.com/download

　本書ではVS Codeの背景色をホワイトにして進めていきます。VS Codeの画面上部メニューバーの「Code」→「Settings...」→「Theme」→「Color Theme」で「Light+ Default Light+」を選ぶと本書と同じカラーになるので、好みに合わせて設定してください。

10 Thunder Clientの
インストール

Thunder ClientはHTTPリクエストという操作のために使います。

VS Codeにはエクステンションでさまざまな機能を追加できます。本書ではThunder Clientというエクステンションを使うので、下記URLからインストールしてください。

URL https://marketplace.visualstudio.com/items?itemName=rangav.vscode-thunder-client

緑の「Install」ボタンを押すと、インストールが始まります（図1.9）。

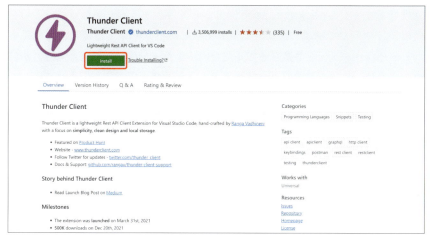

▲図1.9：Thunder Clientのインストール

インストールが完了すると、VS Code左部に稲妻のアイコンが追加されます。

11 エラーが発生した場合の対処方法

> エラーの原因は単純なミスによるものがほとんどです。慌てないようにしましょう。

本書を進めている中でエラーが発生した場合、その原因の大半は次の2つのどちらかです。

1. パッケージのバージョンが異なっている
2. 単純なスペルミス

本書の指示通りに進めていてもエラーが出る場合、まずパッケージのバージョンが同じであるかを確認してください。バージョン情報は、GitHubにある完成見本コードの`package.json`に書かれています。もし異なっている場合には、21ページで解説したように@を使ってバージョンを指定し、完成見本コードとバージョンを準拠させてください。エラー発生時の原因と対処方法についてくわしくは、著者のウェブサイトの下記記事も参考にしてください。

URL https://monotein.com/blog/how-to-find-and-fix-errors

Chapter2
バックエンド開発の準備

Next.jsをインストールして、基本的な操作を確認していきましょう。本章後半では、アプリに必要なフォルダとファイルを準備します。

01 Next.jsのインストール

ターミナルを使ってNext.jsをインストールします。

まずNext.jsをインストールするフォルダに移動しましょう。ターミナルを開いて、現在の場所を確認します。通常は一番上位にあるホームフォルダになっていると思いますが、わからない場合はpwdと打って［Enter］キーを押せば、今いるフォルダの場所がわかります。

```
mod728:~ mod728% pwd
/Users/mod728
```

このように/Users/mod728や/Users/mishimaなどとなっていれば、今いるのはホームフォルダになります。

今回はダウンロードフォルダにNext.jsをインストールしたいので、ホームフォルダからダウンロードフォルダに移動します。最初に、今いるホームフォルダに含まれているフォルダを表示してみましょう。ls（エルエス）と打って［Enter］キーを押してください。

```
mod728:~ mod728% ls
Applications    Downloads    Public
Desktop         Library      Pictures
Documents       Movies
```

今いるホームフォルダの中にDownloadsフォルダが確認できるので、ここに移動します（読者の環境によって表示されるものは異なります）。フォルダ移動

のコマンドcdを打ち、スペースをひとつ空けて移動先のDownloads、そして［Enter］キーを押してください。

```
% cd Downloads
```

ダウンロードフォルダに移動できたか確認しましょう。ls（エルエス）でDownloadsフォルダの中身を表示させてみます。

```
% ls
```

次のようになります（読者の環境によって表示されるものは異なります）。

```
mod728:downloads mod728% ls
work     travel      hobby      books
```

これが正しいか確認するために、Finderでダウンロードフォルダを開いてみましょう（図2.1）。

▲図2.1：Finder

Finderでダウンロードフォルダを開き、ターミナルに表示された中身と一致していたら、今ターミナル上で確かにダウンロードフォルダにいることになります。

それではここにNext.jsをインストールしましょう。次のコマンドをターミナルに入力し、［Enter］キーで実行してください。

```
% npx create-next-app next-market
```

　このnpxとは、インストールを実行する特別なコマンドで、本書ではここでしか使いません。次のcreate-next-appでは、Next.jsのインストールを指定しています。最後のnext-marketはインストールしたフォルダに付ける名前で、ここではnext-marketとしていますが、好きなもので大丈夫です。

　ここで次のようなメッセージが出ることがありますが、特に問題ではないので、何もせずに［Enter］キーを押してください。

```
Need to install the following packages:
  create-next-app@14.1.4
Ok to proceed? (y)
```

　インストールを実行すると、次のような質問が出てきます（2024年3月現在）。

```
? Would you like to use TypeScript? … No / Yes
? Would you like to use ESLint? … No / Yes
? Would you like to use Tailwind CSS? … No / Yes
? Would you like to use `src/` directory? … No / Yes
? Would you like to use App Router? (recommended) … No / Yes
? Would you like to customize the default import alias (@/*)? … No / Yes
```

　「Would you like〜」とは「Do you want〜」の丁寧な聞き方なので、これらの質問は「TypeScriptやESLintなども一緒にインストールしますか？」と聞いているのだとわかります。本書ではもっともベーシックな設定で開発を進めたいので、「No」を矢印キーで選び、［Enter］キーで実行してください。

　ただし下から2つ目の「App Router」に関する質問には、必ず「Yes」を選択してください。これにより、Next.jsバージョン13で導入された「Appルーター」がインストールされます。なお本書ではこれ以降、ビギナーの人が馴染

みやすいように、「Appルーター」ではなく「Appフォルダ」という呼称を使っていきます。

　インストールが完了したら、ダウンロードフォルダを開いてみましょう。図2.2のように、新しいフォルダができているのを確認できます。

▲図2.2：Next.jsのフォルダ

　次はこのフォルダをVS Codeで開きます。VS Codeを起動し、上部メニューバーの「File」から「Open...」へと進み、ダウンロードフォルダ内の「next-market」を選択して開いてください。

02 フォルダの中身

インストールしたNext.jsのフォルダには、さまざまなファイルが入っています。確認しましょう。

フォルダの中身を確認すると、図2.3のようになっています。

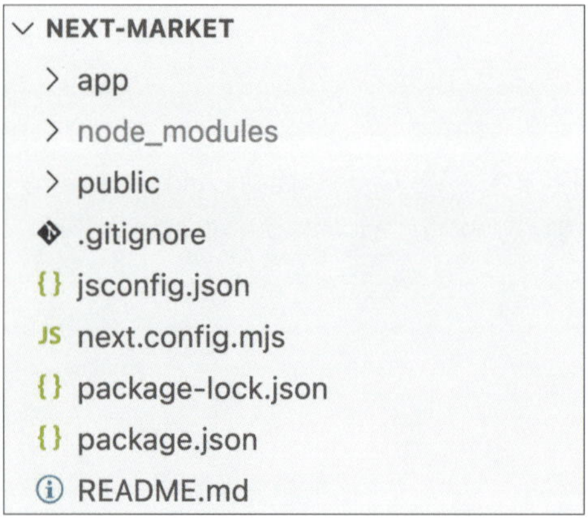

```
∨ NEXT-MARKET
  > app
  > node_modules
  > public
  ◆ .gitignore
  {} jsconfig.json
  JS next.config.mjs
  {} package-lock.json
  {} package.json
  ⓘ README.md
```

▲図2.3：Next.jsの中身

各フォルダとファイルを簡単に紹介します。

`app`が、先ほど触れた「Appフォルダ」です。本書の開発の大部分はここで行います。

`node_modules`にはインストールされたパッケージが保存されています。開発には必須のフォルダですが、本書では細かく触れないので無視して大丈夫です。

`public`は静的ファイルの置き場所で、画像などはここに配置します。

.gitignoreはコードを管理するGitで使われるファイルです。本書では触れないので、これも無視して大丈夫です。

　jsconfig.jsonはReactコンポーネントのimport時のパスを、相対パスから絶対パスに変えるものです。本書では広く普及している相対パスで進めていくので、このファイルも無視して構いません。リスト2.1は、相対パスと絶対パスの例です。

▼リスト2.1：相対パスと絶対パス

　next.config.mjsは、このNext.jsアプリ全体の設定をするファイルです。フロントエンド開発の最後で使います。

　package-lock.jsonには、実際にインストールされたパッケージ情報が書かれています。必須のファイルですが、本書では特に触れないので無視して構いません。

　package.jsonには、Next.jsの操作コマンドやインストールされているパッケージの情報が書かれています。重要なファイルですが、本書では特に触れないので無視して大丈夫です。

　README.mdにはcreate-next-appの概要や起動方法などが書かれています。興味のある人は読んでみましょう。本書では特に触れません。

　それでは本格的に開発を始めていきましょう。

03 バックエンド開発で使う フォルダの準備

> バックエンド関係のファイルを納めるフォルダを作ります。

　最初に、バックエンド開発で必要なフォルダを準備しましょう。開発を行うappフォルダを開いてください。図2.4のようなファイルが入っています。

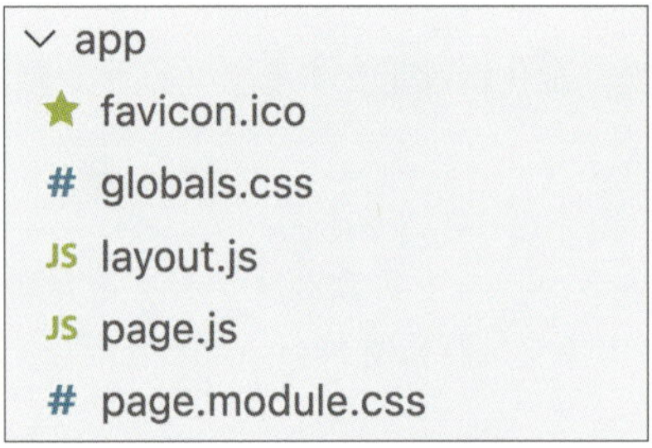

```
∨ app
   ★ favicon.ico
   # globals.css
   JS layout.js
   JS page.js
   # page.module.css
```

▲図2.4：appフォルダの中身

　.cssなどのファイルの種類から推測できるように、ここにあるファイルはすべてフロントエンド側に関係するものになります。本書ではバックエンド開発を行う場所としてapiフォルダを使うので、最初にこれを作成しましょう。appフォルダを選択した状態にしてから、VS Codeの新規フォルダ作成アイコンをクリックしてください（図2.5）。

▲図2.5：新規フォルダ作成アイコン

apiと名前を付けます（図2.6）。

▲図2.6：apiフォルダの作成

　ここで気を付けてもらいたいのは、apiフォルダを必ずappフォルダ内に作ることです。次は、バックエンドのフォルダがどのように機能するのかを簡単に確認します。

04 バックエンドフォルダの働き

バックエンドがどのように動くのかを簡単に確認しましょう。

apiフォルダ内に新しいフォルダを作り、helloと名前を付けてください（図2.7）。

▲図2.7：helloフォルダ

helloフォルダの中に、ファイルをひとつ作成します。VS Codeの新規ファイル作成アイコンをクリックしてください（図2.8）。

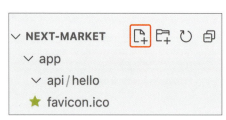

▲図2.8：新規ファイル作成アイコン

ファイルにはroute.jsと名前を付けます（図2.9）。

▲図2.9：route.js ファイル

ここにリスト2.2のコードを書いてください。

▼リスト2.2：app/api/hello/route.js

```javascript
import { NextResponse } from "next/server"

export async function GET(){
    return NextResponse.json({message: "こんにちは"})
}
```

　これがNext.jsのバックエンドのもっともベーシックなコード、いわばひな形のコードです。GETという文字が見えますが、これは前章で紹介したHTTPメソッドを指すもので、「読み込み」を意味しています。GETの右側に見える{と、ファイル最下部に見える}の間が、このファイルで行いたい操作のコードを書く場所です。

　今、そこには return NextResponse.json({message: "こんにちは"}) と書いてあります。NextResponseというNext.jsが用意している専用コードが見えますが、このコードの働きを想像すると、「こんにちはというメッセージ（message）を、レスポンス（Response）として返す」と考えられます。確認してみましょう。

　まずファイルに加えた変更を保存します。［Command］キー +［S］キー、もしくは画面上部メニューバー「File」内の「Save」で、ここまでに加えた変更を保存してください。次はNext.jsを起動させます。

　起動はターミナルから行います。VS Codeにはターミナルが組み込まれているので、それを開きましょう。画面上部メニューバー「Terminal」の「New

Terminal」をクリックすると、VS Code下部にターミナルが表示されます。そこに下記Next.js起動コマンドを打ち、[Enter] キーで実行してください。

```
% npm run dev
```
ターミナル

図2.10のような表示がターミナルに出れば、起動が完了しています。

```
> next-market@0.1.0 dev
> next dev

   ▲ Next.js 14.1.4
   - Local:        http://localhost:3000

 ✓ Ready in 2s
```
▲図2.10：Next.jsの起動画面

この時点で.nextというフォルダが自動で作成されますが、ここにはNext.jsの起動に関するデータが入っているので、そのままにしておいてください。Localで指定されているURL http://localhost:3000を開くと、図2.11のように表示されます（オフライン環境ではエラーの出ることがあるので、ネットに接続しておきましょう）。

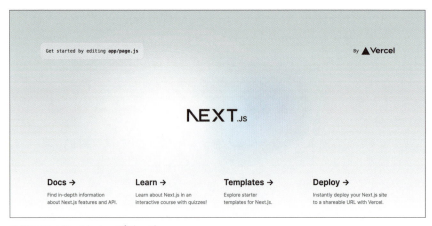

▲図2.11：Next.jsトップページ

ここでブラウザに表示されているものはappフォルダ内のpage.jsファイルですが、これはフロントエンドの話になるので、第6章で解説します。

　URLの末尾に/api/helloと追加してください。URL http://localhost:3000/api/helloを開くと、図2.12のように表示されます。

▲図2.12：http://localhost:3000/api/helloページ

　確認できたらVS Codeに戻り、/app/api/hello/route.jsに、リスト2.3のように書き加えてください。

▼リスト2.3：app/api/hello/route.js

```javascript
import { NextResponse } from "next/server"

export async function GET(){
    return NextResponse.json({message: "こんにちは、さようなら"}) // 追加
}
```

　変更を保存したらブラウザに戻りましょう。リロード（再読み込み）して変更をブラウザに反映させると、図2.13のように表示されます。

▲図2.13：変更後の表示

.json()のカッコ内のコードが、ブラウザに表示されているのがわかります。またこのデータは、前章で見た下記URLで表示されたもの（図2.14）と構造がどこか似ていることにも気が付くでしょう。

> URL https://nextbook-fullstack-app-folder.vercel.app/api/item/readsingle/65478ff981349fcd3162bf87

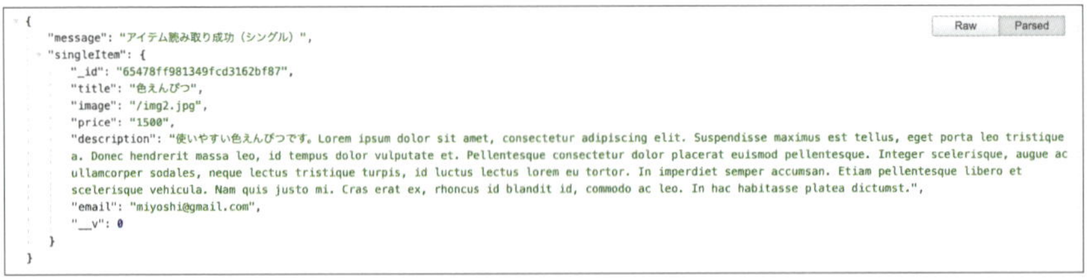

▲図2.14：アイテムデータのページ

　実はroute.jsという名前のファイルは、Next.jsによってバックエンドのものとして処理されるため、図2.13のような表示になるのです。次はURLに注目してみましょう（図2.15）。

▲図2.15：URL

　末尾が/api/helloとなっており、これは「apiフォルダの中にhelloフォルダがある」というフォルダの構成と同じになっているのがわかります。

　Next.jsでは、appフォルダの中のフォルダ構成がURLに反映されるようになっているのです。本書で扱うバックエンド、つまりapiフォルダに関していうと、フォルダ名（helloなど）がURLとして使われ、そのページで表示するコードはフォルダの中に作ったroute.jsファイルに書き込むことになりま

す。例えば/api/goodbyeというURLを使いたいとすれば、apiフォルダの中にgoodbyeというフォルダを作り、コードはその中に作成したroute.jsに書くことになります。

フォルダ名には任意の名前を使えますが、その中に作るファイルの名前は必ずroute.jsとすることに注意しましょう。

次に進む前に起動中のNext.jsを停止させておきましょう。ターミナル上で［Control］キーを押しながら［C］キーを押すと、Next.jsが停止します。

> **コラム**
>
> ### AppフォルダとPagesフォルダの構成の違い
>
> Appフォルダ導入以前（Next.jsバージョン12まで）に使われていたのがPagesフォルダです。このPagesフォルダでバックエンドAPIを開発する時には、フォルダの名前をapiとする必要がありました。一方でAppフォルダでは、route.jsファイルをappフォルダ内に作ると、それがバックエンドのコードとして機能するので、apiフォルダの作成は必須ではありません。
> 先ほど見たように、Appフォルダではフォルダ名がURLに反映されます。しかしPagesフォルダでは、ファイル名がURLに反映される仕組みになっていました。違いをまとめたものが表2.1です。
>
> ▼表2.1：AppフォルダとPagesフォルダの違い
>
> | URL | フォルダ構成（Appフォルダ） | フォルダ構成（Pagesフォルダ） |
> | --- | --- | --- |
> | /api/hello | /app/api/hello/route.js | /pages/api/hello.js |
> | /api/goodbye | /app/api/goodbye/route.js | /pages/api/goodbye.js |

05 必要なフォルダと
ファイルの作成

バックエンド開発を始める基礎工事をします。

最初に、どのようなフォルダとファイルがバックエンドには必要か考えてみましょう。

まず、アイテムの「作成」や「修正」「削除」などの処理を担うファイルが必要なのがわかります。またアプリにはユーザー登録やログイン機能もあるので、ユーザーに関する処理を行うファイルも必要です。つまり「アイテム関係」と「ユーザー関係」の2つに大きく分けられます。

apiフォルダ内にitemフォルダとuserフォルダを作ってください（図2.16）。

▲図2.16：itemフォルダとuserフォルダ

先ほど作ったhelloフォルダとその中のroute.jsファイルは、これ以降不要なので消しておきましょう。helloフォルダを選択した状態で右クリックし、表示されたメニューから削除を行ってください。現在apiフォルダ内に

は、図2.17のようにitemフォルダとuserフォルダだけがあります。

▲図2.17：apiフォルダの中身

　ユーザー関係機能の開発は第4章で行うので、先にitemフォルダにフォーカスします。どのようなフォルダとファイルが必要になるかを考えてみましょう。

　まず、「アイテムを作成する」という処理を行うフォルダとファイルが必要だとわかります。itemフォルダの中にcreateフォルダを作りましょう（図2.18）。

▲図2.18：createフォルダの作成

　createフォルダの中に、コードを書き込むファイルroute.jsを作ります（図2.19）。

▲図2.19：route.jsファイルの作成

次は「アイテムを読み取る」という操作のフォルダとファイルが必要です。なのでreadというフォルダを作りますが、その前に考えなければいけないことがあります。アイテムの読み取りには実は2種類あるからです。確認してみましょう。

　下記URLを開くと、図2.20のようにすべてのアイテムが表示されています。

URL https://nextbook-fullstack-app-folder.vercel.app

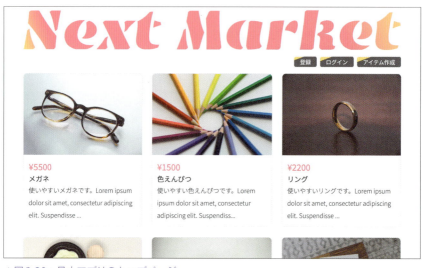

▲図2.20：見本アプリのトップページ

　ここでアイテムをクリックすると、図2.21のようにアイテムがひとつだけ表示されます。

URL https://nextbook-fullstack-app-folder.vercel.app/item/readsingle/65478ff981349fcd3162bf87

▲図2.21：アイテムページ

　ここからわかることは、「アイテムを読み取る」という処理には「すべてのアイテムデータを読み取る」と「ひとつだけアイテムデータを読み取る」の2種類があることです。なので、readallとreadsingleという2つのフォルダをitemフォルダ内に作りましょう（図2.22）。

▲図2.22：readallフォルダとreadsingleフォルダの作成

　それぞれのフォルダの中にroute.jsを作ってください（図2.23）。

▲図2.23：route.jsを作成

「作成」と「読み取り」ができたので、残りは「修正」と「削除」です。update と delete の2つのフォルダを item フォルダ内に作ってください（図2.24）。

▲図2.24：update と delete フォルダの作成

それぞれの中に route.js ファイルを作りましょう（図2.25）。

▲図2.25：route.jsを作成

　ここまででapiフォルダ内は図2.26のようになっています。

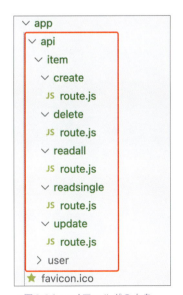

▲図2.26：apiフォルダの中身

　以上で必要なフォルダとファイルができたので、次章からはアイテム操作機能の開発を進めていきましょう。

ここまでのコードは下記URLにあるので、参考にしてください。

URL https://github.com/mod728/nextjs-book-fullstack-app-folder-v2/tree/chapter2

Chapter3
アイテム操作機能

バックエンドのメイン機能である「アイテムを作成する／読み取る／修正する／削除する」をそれぞれ作っていきます。これら4つの機能の中では、最初に開発する「アイテムを作成する」がやや複雑でボリュームもありますが、それを乗り越えれば、残りの3つの機能の開発、さらに次章で行うユーザー関係機能の開発も比較的スムーズに進められるでしょう。

01 アイテムの作成　その1

> 表示の確認やデータの投稿などを行い、Next.jsのバックエンドがどのように動くのかを確認しましょう。

/app/api/item/createフォルダのroute.jsに、リスト3.1のひな形コードを書いてください。前章で見たhelloフォルダのroute.jsとの違いは、message右側の文言だけです。

▼リスト3.1：app/api/item/create/route.js

```javascript
import { NextResponse } from "next/server"

export async function GET(){
    return NextResponse.json({message: "アイテム作成"})
}
```

次は表示を確認してみましょう。変更を保存したら、下記コマンドでNext.jsを起動させます。

```
% npm run dev
```

ブラウザで URL http://localhost:3000/api/item/create を開きましょう（図3.1）。

▲図3.1：http://localhost:3000/api/item/create

route.jsに書いたコードがしっかり動いているとわかります。また「apiフォルダ内のitemフォルダの中にcreateフォルダがある」という位置関係が、URLに反映されていることもわかりました。次は、このファイルで行いたい「アイテムの作成」という処理を実現する方法を考えます。

「アイテムの作成」をするには、その前段階として「ユーザーからアイテムデータを受け取る」というステップが必要です。このデータはフロントエンドから渡されますが、フロントエンドが現時点では存在していないので、ここではフロントエンドの代替として、第1章でVS Codeに追加したThunder Clientを使います。

VS Code左部の稲妻アイコンを押して、Thunder Clientを開きましょう（図3.2）。

▲図3.2：Thunder Clientのアイコン

図3.3のように表示されるので、「New Request」を押します。

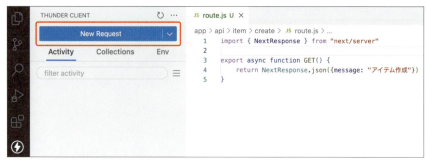

▲図3.3：New Requestボタン

図3.4のように表示されます。

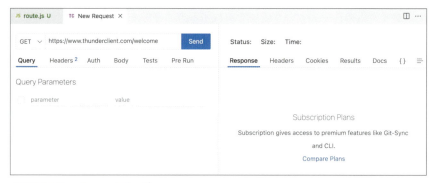

▲図3.4：New Requestページ

　Thunder Clientの機能を実際に使いながら見ていきましょう。Thunder Clientに下記URLを入力してください（図3.5）。

URL http://localhost:3000/api/item/create

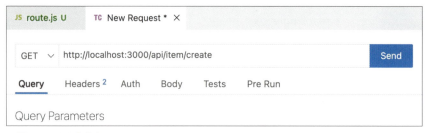

▲図3.5：URLを入力

そして右横の「Send」ボタンを押しましょう。画面右側（スクリーンサイズによっては画面下側）に図3.6のように表示されます。

▲図3.6：Sendボタン押下後

図3.6の枠で囲ったところを見ると、これはブラウザで表示されていたものとまったく同じです。ここからThunder Clientには、バックエンドのURLにアクセスした時、ブラウザと同じものを表示する機能があるとわかります。Thunder Clientには他にもバックエンド開発で役立つ機能が多くあるので、開発を進めながら見ていきましょう。

ここで思い出してもらいたいことがあります。第1章で紹介したHTTPメソッドとCRUDです（表3.1）。

▼表3.1：HTTPメソッドとCRUD

HTTPメソッド	操作	CRUD
GET	読み込み	Read
POST	作成	Create
PUT	修正	Update
DELETE	削除	Delete

現在開発している「アイテムを作成する」は、この表では上から2つ目に該当しますが、Thunder Clientを確認すると、URL欄の左側は「GET」になっています（図3.7）。

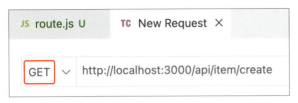

▲図3.7：GETリクエスト

しかし「GET」とは「読み込み（Read）」に使われるものなので、ここは「作成（Create）」のための「POST」に変更しましょう（図3.8）。

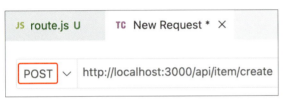

▲図3.8：POSTリクエストに変更

「POST」に変更したら再び「Send」を押してください。図3.9のようになります。

▲図3.9：Sendボタン押下後

先ほどのように「アイテム作成」とは表示されないので、何かがうまくいっていないと想像できます。

注目してもらいたいのは、上部の「Status（ステータス）」に赤文字で書かれた「405 Method Not Allowed」です。「Method Not Allowed」とは「この（HTTP）メソッドは許可されていません」という意味なので、GETやPOSTといったHTTPメソッドに何か問題があると考えられます。

52

createフォルダのroute.jsに戻って確認すると、export async functionの右側に見えるのはGETという文字です（リスト3.1）。しかし考えてみると、これは少しおかしいことに気がつきます。このファイルで行いたい「アイテムの作成」のHTTPメソッドは、「GET」ではなく「POST」だからです。なので「POST」に変更しましょう（リスト3.2）。

▼リスト3.2：app/api/item/create/route.js

```javascript
import { NextResponse } from "next/server"

export async function POST(){      // 変更
    return NextResponse.json({message: "アイテム作成"})
}
```

　変更を保存したらThunder Clientに戻り、URL左部のHTTPメソッドが「POST」であることを確認してから「Send」を押しましょう。図3.10のように表示されます。

```
Status: 200 OK    Size: 32 Bytes    Time: 173 ms

Response    Headers 5    Cookies    Results    Docs        { }    ≡
1   {
2       "message": "アイテム作成"
3   }
```

▲図3.10：Sendボタン押下後

　先ほどの赤文字が出ることはなくなりました。また「アイテム作成」と表示されており、コードが正しく動いているとわかります。ここで覚えておいて欲しいことは、Next.jsのroute.jsファイルでは、export async functionの右側に書く文字でHTTPメソッドを指定することです。これまでにGETとPOSTを使いましたが、本章の後半ではPUTとDELETEが登場します。

　ここまででThunder Clientの働きがわかったので、これ以降は本題のアイテムデータについて見ていきましょう。先ほど触れたように、「アイテムの作成」をするには、その前段階として「ユーザー（フロントエンド）からアイテムの

データを受け取る」というステップが必要です。今はまだフロントエンド部分がないので、このデータはThunder Clientを使ってバックエンドに渡します。

データはJSONという形式で作ります。JSONとは、{と[を使ってデータを見やすく整理したもので、以前見た図3.11のようなデータもJSON形式で書かれたものです。

▲図3.11：JSONデータの例

Thunder Clientを開き、URL欄下部の「Body」、その中にある「JSON」タブを開いてください（図3.12）。

▲図3.12：JSONタブ

54

JSONデータの入力画面が表示されるので、リスト3.3のデータを書き込みます。

▼リスト3.3：JSONデータ

```json
{
  "name": "Mishima",
  "message": "こんばんは"
}
```

　図3.13のようになります。

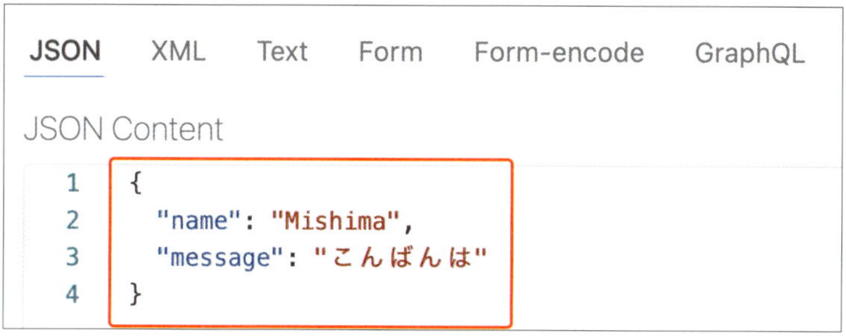

▲図3.13：JSONデータを入力

　データの準備ができたので、「Send」ボタンを押してみましょう（図3.14）。

▲図3.14：Sendボタン押下後

　「Response」タブには「アイテム作成」というメッセージが表示されるので、コードは先ほどと同じように正しく機能していることはわかりましたが、それでは入力したデータはどこにあるのでしょうか。これを確認するコードを今から追加していきます。**/create/route.js**ファイルにリスト3.4のコードを

書いてください。

▼リスト3.4：app/api/item/create/route.js

```javascript
import { NextResponse } from "next/server"

export async function POST(request){        // 追加
    return NextResponse.json({message: "アイテム作成"})
}
```

　今書いた request、日本語表記をすると「リクエスト」とは、フロントエンドから送られてきたものを指します。そして「リクエスト」に対する返事、つまり「レスポンス」が NextResponse です。ここに Next と付いているのは、これが Next.js でだけ使える特別なコードだからですが、他のフレームワークや言語においても、「フロントエンドからリクエストを受けて、レスポンスを返す」という働きはバックエンド共通のものです。

　この request に Thunder Client から送った JSON データが入っているはずなので、確認してみましょう。ここで使うのが JavaScript の `console.log()` です。リスト3.5のコードを書き加えてください。

▼リスト3.5：app/api/item/create/route.js

```javascript
import { NextResponse } from "next/server"

export async function POST(request){
    console.log(request)                // 追加
    return NextResponse.json({message: "アイテム作成"})
}
```

　保存したら Thunder Client に戻り、「Send」を押してください。そうすると「"message":"アイテム作成"」と表示されると同時に、VS Code下部のターミナルに何かが書き出されているのがわかります（図3.15）。

```
      [Array], [Array],
      [Array]
    ]
  },
  [Symbol(internal request)]: {
    cookies: RequestCookies { _parsed: Map(0) {}, _headers: [_HeadersList] },
    geo: {},
    ip: undefined,
    nextUrl: NextURL { [Symbol(NextURLInternal)]: [Object] },
    url: 'http://localhost:3000/api/item/create'
  }
}
```

▲図3.15：requestのデータ

　これがrequest内部のデータです。情報が大量にありますが、上にスクロールしていくと「body」の項目が見つかります（図3.16）。

```
[Symbol(state)]: {
  method: 'POST',
  localURLsOnly: false,
  unsafeRequest: false,
  body: { stream: undefined, source: null, length: null },
  client: { baseUrl: undefined, origin: [Getter], policyContainer: [Object] },
  reservedClient: null,
  replacesClientId: '',
  window: 'client',
  keepalive: false,
```

▲図3.16：request内の「body」

　Thunder ClientでJSONデータを書き込む欄を表示する時、「Body」→「JSON」と進んだので、送ったデータはこの「body」に入っていると推測できます。しかしここには「stream」や「undefined」などと表示されており、「body」の中身はよくわかりません。ここで使うのがリスト3.6のコードです。書き加えてください。

▼リスト3.6：app/api/item/create/route.js

```javascript
import { NextResponse } from "next/server"

export async function POST(request){
    console.log(await request.json())    // 追加
    return NextResponse.json({message: "アイテム作成"})
}
```

保存したらThunder Clientに戻り、再び「Send」を押しましょう。ターミナルには図3.17のように表示されます。

```
✓ Compiled in 137ms (31 modules)
{ name: 'Mishima', message: 'こんばんは' }
```

▲図3.17：Sendボタン押下後

　Thunder Clientから送ったデータが/create/route.jsで受け取れているのがわかります。

　ここまでで、データをバックエンドで受け取る方法がわかりました。しかしここまでで可能になったのは、「データを受け取る」ということだけなので、次はこのデータを保存する場所が必要です。データベースのMongoDBのセットアップと接続を行い、受け取ったデータを保存できるようにしましょう。

02 アイテムの作成 その2

> データベースの設定、Next.jsとの接続を行い、データを保存します。作業量がやや多いですが、気を抜かずに頑張りましょう。

　MongoDBには「MongoDB」と「MongoDB Atlas」の2種類があります。開発元は同じです。機能もほぼ同じですが、大きな違いは「MongoDB」がローカル環境、つまり手元のコンピューターの中にデータを保存するのに対し、クラウドベースの「MongoDB Atlas」はクラウド上、つまりオンライン上にデータを保存する点です。本アプリではどちらを使ってもいいですが、データの確認がしやすく、またアプリをネット上に公開する時に追加の設定をしなくて済むので、MongoDB Atlasを使っていきます。

　最初にアカウントを作りましょう。下記URLを開いてください（MongoDB Atlasのサイトデザインは頻繁に変わるので、適宜読み替えて進めてください）。

URL https://www.mongodb.com

　右上の「Try Free」をクリックします（図3.18）。

▲図3.18：MongoDB Atlasの「Try Free」ボタン

「First Name（名前）」「Last Name（名字）」「Email」「Password」を入力し、「I agree to the Terms of Service and Privacy Policy.」にチェックを入れ、「Create your Atlas account」ボタンを押します（図3.19）。

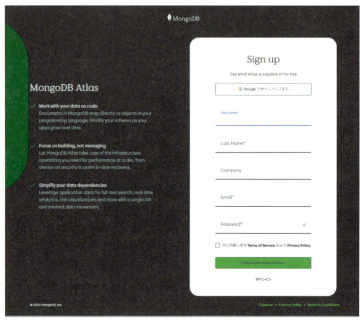

▲図3.19：MongoDB Atlasのアカウント情報登録ページ

　認証メールを送ったことを伝えるページが表示されるので、登録に使ったメールアドレスの受信フォルダに行き、メールアドレスの認証を済ませましょう。メールアドレスの認証が成功すると図3.20の画面になるので、「Continue」ボタンを押します。

▲図3.20：MongoDB Atlasのメール認証成功画面

簡単なアンケートが出てくることがあります（図3.21）。各質問の答えはどれを選んでもいいですが、プログラミング言語についての質問「What programming language are you primarily building on MongoDB with?」には「JavaScript/Node.js」を選びましょう。右下の「Finish」を押して次に進みます。

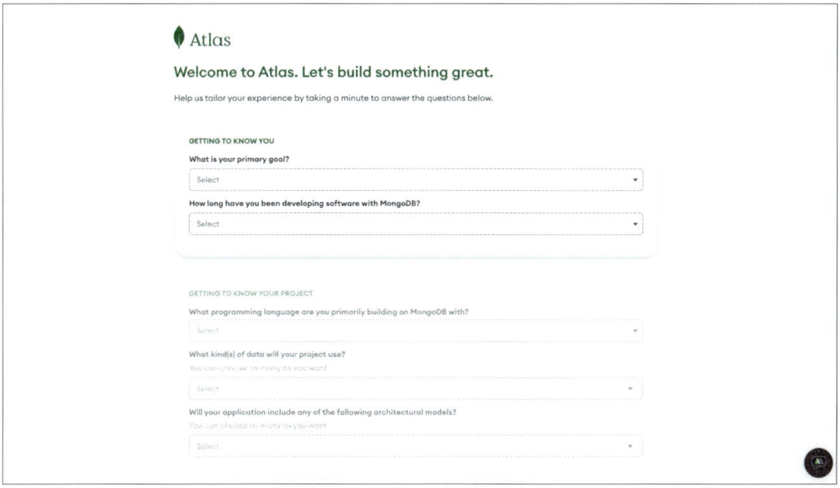

▲図3.21：MongoDB Atlasのアンケートページ

　利用プランを選ぶ画面に移ります。今回は無料プランを使うので、「M0」を選びます（図3.22）。

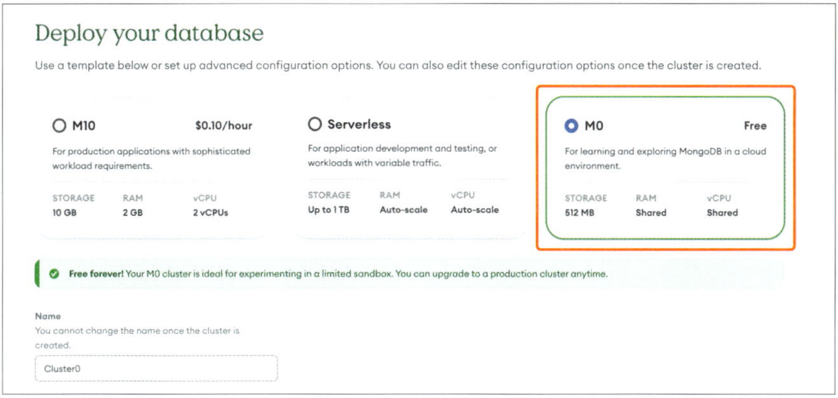

▲図3.22：MongoDB Atlasの利用プラン選択ページ

下にスクロールすると「Name」や「Provider」「Region」などの設定項目が見えますが、これらはデフォルトのままでも問題ないので、特に設定せずに進みます。最下部右にある「Create Deployment」ボタンを押しましょう（図3.23）。

▲図3.23：MongoDB Atlasの「Create Deployment」ボタン

　画面が変わり、ここで図3.24のような「Connect to Cluster0」という表示の出ることがあります。

▲図3.24：MongoDB Atlasの「Connect to Cluster0」

この設定は後でするので、「Connect to Cluster0」の背景の半透明のグレーの画面をクリックして、「Connect to Cluster0」を消してください。図3.25の画面が出ます。

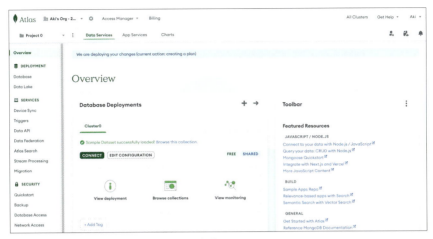

▲図3.25：「Connect to Cluster0」を消した後

　画面左側「SECURITY」にある「Quickstart」をクリックしてください（図3.26）。

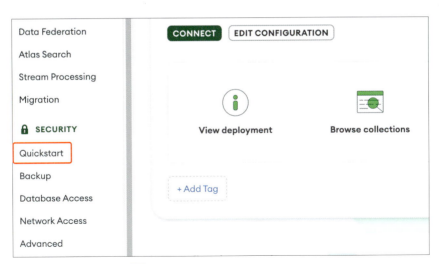

▲図3.26：Quickstartの項目

「Security Quickstart」が開きます（図3.27）。

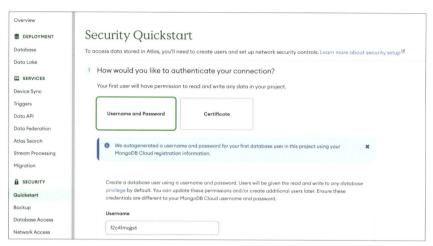

▲図3.27：Quickstart画面

1つ目の質問「How would you like to authenticate your connection?」の「Username」と「Password」には、ランダムなものがデフォルトで入力されています。このままでも、好きなものに変えてもどちらでも大丈夫ですが、この「Password」は後ほど使うので、どこかにコピーしておいてください。左下の「Create User」ボタンを押します（図3.28）。

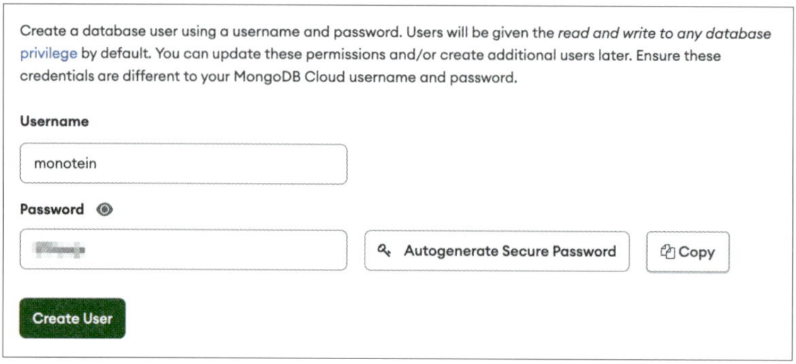

▲図3.28：Quickstart画面の「Username」と「Password」

その下には2つ目の質問「Where would you like to connect from?」があり、デフォルトで「My Local Environment」が選択されています（図3.29）。

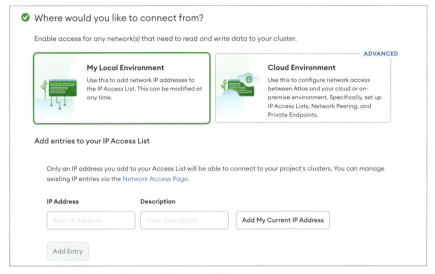

▲図3.29：MongoDB AtlasのEnvironment選択

　ここは「My Local Environment」のままで大丈夫です。その下の「Add entries to your IP Access List」には、自分のコンピューターが使っているIPアドレスを入力し、そのIPアドレス以外からのデータベースへのアクセスを拒否することで、セキュリティを高めることもできます。しかし手元のコンピューターからのアクセスだけを許可している状態だと、このアプリをネット上に公開する時に問題が発生するので、ここではすべてのIPアドレスからのアクセスを許可します。「IP Address」には「0.0.0.0/0」、「Description」には「Access from anywhere」と入力し、「Add Entry」ボタンを押してください（図3.30）。

▲図3.30：MongoDB AtlasのIP Address選択ページ

図3.31のようにIPアドレスが追加されるので、右下の「Finish and Close」ボタンを押します（「Created as part of the Auto Setup process」と書かれているIPアドレスは、現在使っているネットワークのIPアドレスが自動で追加されたものです。このままで問題ありません）。

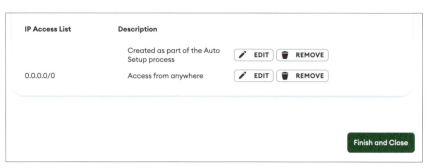

▲図3.31：MongoDB AtlasのIPアドレス追加完了後

　図3.32のような通知の出ることがありますが、「Go to Overview」ボタンを押して次に進みます。

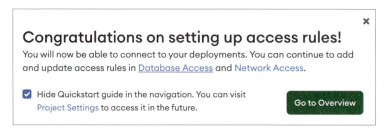

▲図3.32：セットアップ完了を知らせる通知

　ここまででMongoDBの基本的なセットアップが完了しました。次はMongoDBとNext.jsをつなげる作業に進みます。「CONNECT」ボタンを押してください（図3.33）。

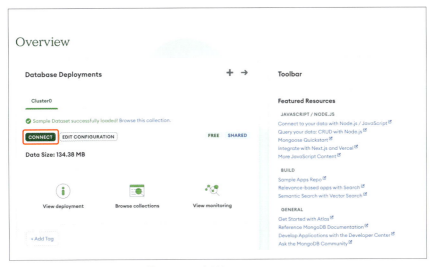

▲図3.33：MongoDB Atlasの「CONNECT」ボタン

「Connect to your application」の「Drivers」を選びます（図3.34）。

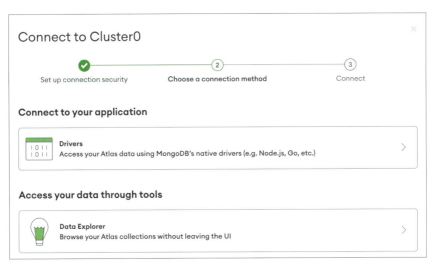

▲図3.34：MongoDB Atlasの「Drivers」

　「1. Select your driver and version」が「Node.js」になっていることを確認したら、「3. Add your connection string into your application code」の下にある

文字列をコピーします（図3.35）。これがMongoDBとの接続に使うURLです。コピーしたら右下の「Close」を押しましょう。

▲図3.35：MongoDB Atlasの接続URL

VS Codeに戻り、今コピーした文字列を/create/route.jsに貼り付けておきます。仮置きなので、場所はどこでも大丈夫です（リスト3.7）。

▼リスト3.7：app/api/item/create/route.js

```javascript
import { NextResponse } from "next/server"

export async function POST(request){
    console.log(await request.json())
    return NextResponse.json({message: "アイテム作成"})
}

// ↓貼り付け
mongodb+srv://f2c41mqjp6:<password>@cluster0.gbupexr.mongodb.net/
?retryWrites=true&w=majority&appName=Cluster0
```

これ以降はNext.js側の設定を行ってMongoDBと接続します。MongoDB Atlasは閉じず、ブラウザで開いたままにしておいてください。

最初に、MongoDBとの接続作業を担当するファイルを作ります。これ以降、バックエンドのメインタスクである「アイテムの作成」や「ユーザーのログイン」といった操作の補助を行うファイルをいくつか作るので、ここでそれらを格納するutilsというフォルダをappフォルダ内に作りましょう。なお「utils」とは、「役に立つもの」という意味の「utility」の複数形の略になります（図3.36）。

▲図3.36：utilsフォルダ

この中にデータベースとの接続を行う`database.js`ファイルを作ります（図3.37）。

▲図3.37：database.jsファイル

Next.jsを始めとするJavaScriptのアプリケーションとMongoDBの接続では、`mongoose`というパッケージが一般的に使われます。`mongoose`によって、後ほど解説するSchemaとModelを手軽に使えるためです。ターミナル上で［Control］キーを押しながら［C］キーを押して、Next.jsを停止させてください。そして次のコマンドで`mongoose`をインストールしましょう。

```
% npm install mongoose
```

インストールが完了したら、`database.js`で`mongoose`を読み込みます。リスト3.8のコードを書いてください。

▼リスト3.8：app/utils/database.js

```javascript
import mongoose from "mongoose"

const connectDB = () => {}

export default connectDB
```

ここは「フロントエンドからリクエストを受け取ってレスポンスを返す」といった処理をするところではないので、`request`や`NextResponse`などはありません。`{}`内には、このファイルで実行したいデータベースとの接続処理を書きますが、その前に考えたいのは、データベースとの接続が毎回成功するとは限らないことです。接続が失敗したケースも想定する必要があります。そこで使うのがJavaScriptの`try catch`です。リスト3.9のコードを書き加えてください。

▼リスト3.9：app/utils/database.js

```javascript
import mongoose from "mongoose"

const connectDB = () => {
    // ↓追加
    try{

    }catch{

    }
    // ↑追加
}

export default connectDB
```

　`try`横のカッコには実行したい処理を書き、`catch`横のカッコには失敗した場合の処理を書きます。ここで実行したいのはデータベースとの接続なので、リスト3.10のコードを加えます。

▼リスト3.10：app/utils/database.js

```javascript
import mongoose from "mongoose"

const connectDB = () => {
    try{
        // ↓追加
        mongoose.connect("")
        console.log("Success: Connected to MongoDB")
        // ↑追加
    }catch{
```

```
    }
}

export default connectDB
```

　mongoose.connect("")のカッコ内には、先ほどMongoDB Atlasでコピーして/create/route.jsに仮置きしたURLを持ってきます（リスト3.11）。

▼リスト3.11：app/utils/database.js

```javascript
import mongoose from "mongoose"

const connectDB = () => {
    try{            // ↓追加
        mongoose.connect("mongodb+srv://f2c41mqjp6:<password>@cluster0.gbupexr.mongodb.net/?retryWrites=true&w=majority&appName=Cluster0")
        console.log("Success: Connected to MongoDB")
    }catch{

    }
}

export default connectDB
```

　URLの<password>には、先ほどMongoDB Atlasで「Create User」ボタンを押す前に表示されていたパスワードを書きます。

　またこれは必須ではないですが、本書ではMongoDB Atlas内で使うデータベースの名前を指定したいので、mongodb.net/ と？の間にnextAppDataBaseとデータベース名を書いてください。

　パスワードが例えばabc-xyz-123で、データベース名をnextAppDataBaseとした場合、接続URLはリスト3.12のようになります。

▼リスト3.12：接続URLの例

```
mongoose.connect("mongodb+srv://monotein-next:abc-xyz-123@cluster0.
w7j3aqx.mongodb.net/nextAppDataBase?retryWrites=true&w=majority&appName=
Cluster0")
```

次は接続が失敗した場合の処理を書きます。リスト3.13のコードを書き加えましょう。

▼リスト3.13：app/utils/database.js

```javascript
import mongoose from "mongoose"

const connectDB = () => {
    try{
        mongoose.connect("mongodb+srv://monotein-next:abc-xyz-123@cluster0.
w7j3aqx.mongodb.net/nextAppDataBase?retryWrites=true&w=majority&appName=
Cluster0")
        console.log("Success: Connected to MongoDB")
    }catch{
        // ↓追加
        console.log("Failure: Unconnected to MongoDB")
        throw new Error()
        // ↑追加
    }
}

export default connectDB
```

接続が失敗した場合には、`console.log()`で「Failure: Unconnected to MongoDB」と表示させ、そして`throw`を使ってエラーが発生したことを知らせます。この通知は、後で作るアイテムの「作成」や「読み取り」といったファイルのコードに渡されます。

ここまでに加えた変更をすべて保存しましょう。データベースとの接続ファイルができたので、これが実際に動くか試してみます。`/create/route.js`に戻り、`database.js`ファイル下部で`export`した`connectDB`を読み込み、リスト3.14のように書き加えてください。

▼リスト3.14：app/api/create/route.js

```javascript
import { NextResponse } from "next/server"
import connectDB from "../../../utils/database"   // 追加

export async function POST(request){
    console.log(await request.json())
    connectDB()                                    // 追加
    return NextResponse.json({message: "アイテム作成"})
}
```

変更をすべて保存したら、次のコマンドでNext.jsを起動させます。

```
% npm run dev
```

そしてThunder Clientを開き、先ほどと同じ設定（POSTリクエストとJSONデータ）で「Send」ボタンを押します（図3.38）。

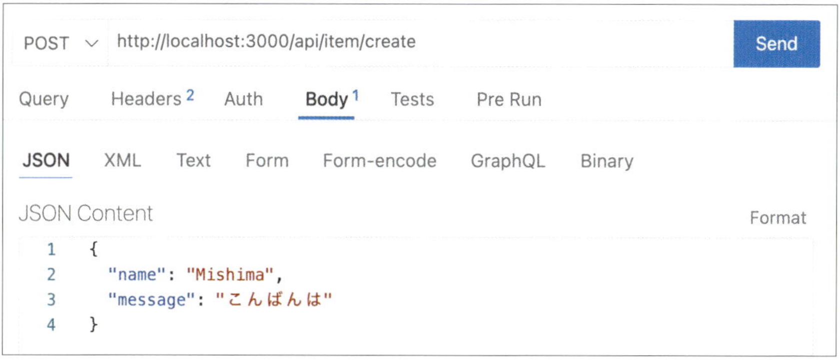

▲図3.38：Thunder Client

ターミナルを確認すると、図3.39のように表示されています。

```
✓ Compiled /api/item/create in 241ms (48 modules)
{ name: 'Mishima', message: 'こんばんは' }
Success: Connected to MongoDB
```
▲図3.39：ターミナル画面

requestのデータと一緒に「Success: Connected to MongoDB」が表示されており、データベースとの接続が成功したとわかります。しかし実はここにはミスがひとつあります。

　ミスを確認するので、Wi-Fiなどをオフにしてインターネットの接続を一度切断してください。少し時間を空けます。そして先ほどと同じ図3.38の設定で、Thunder Clientの「Send」ボタンを押しましょう。

　ターミナルにはメッセージがいくつか出てきます。上にスクロールしてみましょう。すると図3.39と同じ表示が見つかります。しかし考えてみると、これはおかしいことに気がつきます。MongoDB Atlasはクラウドサービスなので、インターネット接続が必須です。しかし今、接続はオフになっているのでMongoDB Atlasへの接続はできない、つまり失敗しているはずで、ターミナルには「Failure: Unconnected to MongoDB」と表示されるべきです。

　実際には接続が失敗しているのに、ターミナルには「Success: Connected to MongoDB」と出ることには理由があります。database.jsを開きましょう。

　コードではmongoose.connect()の下にconsole.log()が書かれているので、一見するとmongoose.connect()のコードが実行されて完了した後にconsole.log()が動くように考えてしまいます。しかし実はJavaScriptでは、コードを書いた順に処理が実行されるとは限らないため、ひとつ前の処理が完了していないにも関わらず、次のコードが実行されるケースがあるのです。

　つまりdatabase.jsで今起きているのは、mongoose.connect()が実行されて接続されたかどうかがわかる前にconsole.log()が動いてしまい、ターミナルに「Success: Connected to MongoDB」と出ているのです。これを直すには、「mongoose.connect()の処理が完了した後にconsole.log()を実行する」という順番付けをする必要があります。そこで使うのがawaitです。リスト3.15のように書き加えましょう。

▼リスト3.15：app/utils/database.js

```javascript
import mongoose from "mongoose"

const connectDB = async() => { // 追加
    try{ // ↓追加
        await mongoose.connect("mongodb+srv://monotein-next:abc-xyz-123@cluster0.w7j3aqx.mongodb.net/nextAppDataBase?retryWrites=true&w=majority&appName=Cluster0")
        console.log("Success: Connected to MongoDB")
    }catch{
        ...
```

「待つ」という意味のawaitを置くことで、そのコードの処理が完了するのを待ってから次のコードが実行されるようになります。なおawaitはasyncと一緒に使う必要があるので、asyncも追加しています。

awaitの追加でどう変わったのかを確認しましょう。これまでに加えた変更を保存します。ネットは切断したままの状態で、再びThunder Clientを開き、図3.38と同じ設定で「Send」ボタンを押してください。ターミナルには図3.40のように出ます。

```
{ name: 'Mishima', message: 'こんばんは' }
Failure: Unconnected to MongoDB
Error
    at connectDB (webpack-internal:///(rsc)/./app/utils/database.js:14:15)
Error
    at connectDB (webpack-internal:///(rsc)/./app/utils/database.js:14:15)
 × app/utils/database.js (9:14) @ connectDB
 × unhandledRejection: Error
```

▲図3.40：ターミナル画面

JSONデータを書き出した後、connectDB()というコードを実行しようとするものの、接続は失敗して「Failure: Unconnected to MongoDB」と表示されているのがわかります。その下にもエラーメッセージが続いていますが、この部分は今後/create/route.jsファイルを完成させると表示されなくなります。

try catch文ではawaitがよく一緒に使われるので覚えておきましょう。

本書でもこれ以降、何度も出てきます。Wi-Fiをオンにしてネットに接続してください。ここまででデータベースとの接続が完了したので、次はデータを保存してみましょう。

　ここで普通に考えると、データベースとの接続ができているのだから、フロントエンドから渡されたデータをそのまま保存していけばいいと感じます。しかしそのようにしていくと、データベース内にデータが未整理のまま保存されることになり、これはデータを活用する時に大きな問題となるでしょう。そこでMongoDBではSchema（スキーマ）というものを作って、保存するデータの形と種類をあらかじめ定めます。まずそのファイルを作りましょう。utilsフォルダに schemaModels.js を作成してください（図3.41）。

▲図3.41：schemaModels.js ファイル

　schemaModels.js にリスト3.16のコードを書きます。

▼リスト3.16：app/utils/schemaModels.js

```javascript
import mongoose from "mongoose"

const Schema = mongoose.Schema

const ItemSchema = new Schema({

})
```

　new Schema 横のカッコ内に、MongoDBで保存したいデータの形と種類を定義しますが、その前にアイテムデータとして保存したいものは何かを決めましょう。次のURLを開いてください。

🔗 https://nextbook-fullstack-app-folder.vercel.app/item/readsingle/65478ff981349fcd3162bf87

これまで何度か確認したように、ここに表示されているものは下記URLのデータが元になっています。

🔗 https://nextbook-fullstack-app-folder.vercel.app/api/item/readsingle/65478ff981349fcd3162bf87

```
{
    "message": "アイテム読み取り成功（シングル）",
    "singleItem": {
        "_id": "65478ff981349fcd3162bf87",
        "title": "色えんぴつ",
        "image": "/img2.jpg",
        "price": "1500",
        "description": "使いやすい色えんぴつです。Lorem ipsum dolor sit amet, consectetur adipiscing elit. Suspendisse maximus est tellus, eget porta leo tristique a. Donec hendrerit massa leo, id tempus dolor vulputate. Pellentesque consectetur dolor placerat euismod pellentesque. Integer scelerisque, augue ac ullamcorper sodales, neque lectus tristique turpis, id luctus lectus lorem eu tortor. In imperdiet semper accumsan. Etiam pellentesque libero et scelerisque vehicula. Nam quis justo mi. Cras erat ex, rhoncus id blandit id, commodo ac leo. In hac habitasse platea dictumst.",
        "email": "miyoshi@gmail.com",
        "__v": 0
    }
}
```

▲図3.42：アイテムデータ

singleItem横のカッコを見ると、その中にtitle、image、priceなどがあり、これがアイテムデータとして保存したいものだとわかります（図3.42）。schemaModels.jsにリスト3.17のように書き加えましょう。

▼リスト3.17：app/utils/schemaModels.js

```javascript
import mongoose from "mongoose"

const Schema = mongoose.Schema

const ItemSchema = new Schema({
    // ↓追加
    title:
    image:
    price:
    description:
    email:
    // ↑追加
})
```

これで保存するアイテムデータの形が定まりました。なおここに_idがないのは、_idはデータベースへの保存時にMongoDBが自動で割り当てるものだ

からです。また email とあるのは、アイテムデータを作成した人のメールアドレスを保存するためで、これは次章でログインしている人を特定する機能を開発する時に利用します。

　データの形が定まったので、次はデータの種類です。データの種類には文字列（string）、数値（number）、真偽値（boolean）などがありますが、アイテムデータはすべて文字か数字なので、文字列、つまり string となります（「10」や「5」という数値であっても、「"10"」や「"5"」のようにクオーテーションマークで挟むと文字列として扱われます。アイテムの価格 price は数値として扱っても問題ありませんが、本書では簡潔さを優先して文字列としています）。

　リスト3.18のように書きましょう。

▼リスト3.18：app/utils/schemaModels.js

```javascript
const ItemSchema = new Schema({
    title: String,
    image: String,
    price: String,
    description: String,
    email: String,
})
```

　これでアイテムデータのSchemaが完成です。

　データベースに対して実行する操作には読み取り、書き込み、修正、削除がありますが、これらの操作を実行するにはModelというものが必要になります。ModelはSchemaをベースに生成するので、リスト3.19のコードを書き加えましょう。

▼リスト3.19：app/utils/schemaModels.js

```javascript
...
const ItemSchema = new Schema({
    title: String,
    image: String,
```

```
    price: String,
    description: String,
    email: String,
})

export const ItemModel = mongoose.model("Item", ItemSchema)    // 追加
```

　exportとは「輸出する」「外に持っていく」という意味なので、このコードによってItemModelを他のファイルで読み込んで利用できるのがわかります。なおこのコードでは後ほどエラーの出る場合があるので、エラー対策としてリスト3.20のように書いておきましょう。

▼リスト3.20：app/utils/schemaModels.js

```
export const ItemModel = mongoose.models.Item || mongoose.model("Item, ItemSchema)
```

　保存したら/create/route.jsに戻り、ItemModelを読み込みましょう。さらにdatabase.jsと同じように、データベースへのデータの保存処理が失敗した場合のコードも必要なので、try catch文を使います。ここまでに書いていたコードは、try横のカッコ内に移動させてください。リスト3.21のようになります。

▼リスト3.21：app/api/item/create/route.js

```
import { NextResponse } from "next/server"
import connectDB from "../../../utils/database"
import { ItemModel } from "../../../utils/schemaModels"

export async function POST(request){
    try{
        console.log(await request.json())
        connectDB()
        return NextResponse.json({message: "アイテム作成"})
    }catch{

    }
}
```

アイテムの作成が失敗した場合の処理を書き加えましょう。「失敗」と対になる「成功」という文字も加えておきます（リスト3.22）。

▼リスト3.22：app/api/item/create/route.js

```javascript
...

export async function POST(request){
    try{
        console.log(await request.json())
        connectDB()
        return NextResponse.json({message: "アイテム作成成功"})       // 追加
    }catch{
        return NextResponse.json({message: "アイテム作成失敗"})       // 追加
    }
}
```

　次は`ItemModel`を使って、MongoDBに書き込みを行うコードを加えます（リスト3.23）。

▼リスト3.23：app/api/item/create/route.js

```javascript
...

export async function POST(request){
    try{
        console.log(await request.json())
        connectDB()
        ItemModel.create()            // 追加
        return NextResponse.json({message: "アイテム作成成功"})
    }catch{
        return NextResponse.json({message: "アイテム作成失敗"})
    }
}
```

　データベースへの書き込みを行うのが、`ItemModel`の`create()`です。`create()`のカッコには、書き込みたいデータを入れます。

　ここで注意することがあります。「データベースへの書き込み」という処理は、「データベースへの接続」がしっかり完了した後に行われるべきものである

ことです。さらにNextResponseの処理も、「接続」と「書き込み」の処理が無事完了してから実行されるべきものです。なのでdatabase.jsでしたように、awaitを2つ書き加えましょう（リスト3.24）。

▼リスト3.24：app/api/item/create/route.js

```javascript
...

export async function POST(request){
    try{
        console.log(await request.json())
        await connectDB()                    // 追加
        await ItemModel.create()             // 追加
        return NextResponse.json({message: "アイテム作成成功"})
    }catch{
        return NextResponse.json({message: "アイテム作成失敗"})
    }
}
```

　これ以降、このコードで本当にデータベースへ書き込むことができるかを試していきますが、ひとつひとつ確認しながら進めたいので、リスト3.25のコードを書き加えましょう。

▼リスト3.25：app/api/item/create/route.js

```javascript
...

export async function POST(request){
    // ↓追加
    const reqBody = await request.json()
    console.log(reqBody)
    // ↑追加
    
    try{
        console.log(await request.json())        // 削除
        await connectDB()
        await ItemModel.create()
        return NextResponse.json({message: "アイテム作成成功"})
    }catch{
        return NextResponse.json({message: "アイテム作成失敗"})
    }
}
```

今加えたコードは、フロントエンド、あるいはThunder Clientから送られてきたデータを一度reqBodyに格納し、それをconsole.log()で確認するコードです。try内のconsole.log()は消しておきましょう。

変更をすべて保存し、Thunder Clientで「Send」を押すと、ターミナルには先ほどと同じように、Thunder Clientから送られたデータが表示されるのがわかります。これは、今追加したconsole.log(reqBody) で書き出されたものです（図3.43）。

```
✓ Compiled /api/item/create in 241ms (48 modules)
{ name: 'Mishima', message: 'こんばんは' }
Success: Connected to MongoDB
```
▲図3.43：ターミナル画面

次はSchemaで定義した形のデータを送ってみましょう。Thunder Clientを開き、「JSON」の欄を図3.44のようにダミーデータで書き換えます。

▲図3.44：Thunder Clientに入力したダミーのJSONデータ

最初に、このデータがバックエンドに送られるかをチェックしましょう。「Send」ボタンを押してVS Codeのターミナルを確認してください。図3.45のように出れば、データが送られており、それはreqBodyに格納されているとわかります。

```
○ ✓ Compiled in 26ms
  ✓ Compiled /api/item/create/route in 121ms (34 modules)
{
  title: '仮タイトル',
  image: '仮イメージ',
  price: '1000',
  description: '仮説明',
  email: 'dummy@gmail.com'
}
Success: Connected to MongoDB
```

▲図3.45：ターミナル画面に表示されたダミーデータ

　Thunder Clientからバックエンドにデータが渡されているとわかったので、次はこれをMongoDBに保存してみましょう。保存したいデータは`ItemModel.create()`のカッコ内に書くので、リスト3.26のコードを加えます。

▼リスト3.26：app/api/item/create/route.js

```javascript
...

export async function POST(request){
    const reqBody = await request.json()
    console.log(reqBody)

    try{
        await connectDB()
        await ItemModel.create(reqBody)          // 追加
        return NextResponse.json({message: "アイテム作成成功"})
    }catch{
        return NextResponse.json({message: "アイテム作成失敗"})
    }
}
```

　保存したら、Thunder Clientの「Send」ボタンを押しましょう。Thunder Clientには図3.46のように表示されます。

```
Status: 200 OK    Size: 38 Bytes    Time: 145 ms

Response    Headers 5    Cookies    Results    Docs              { }    ≡
1  {
2      "message": "アイテム作成成功"
3  }
```

▲図3.46：Sendボタン押下後

これでMongoDBへの書き込みもできているはずです。確認してみましょう。MongoDB Atlasに戻り、左側の「Database」をクリックし、そして「Browse Collections」を押します（図3.47）。

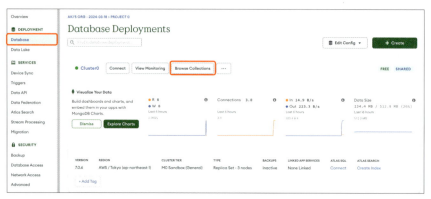

▲図3.47：MongoDB Atlasの「Browse Collections」

　そうすると、先ほどMongoDBとの接続URLの中に書いた「nextAppDataBase」の中に「items」という項目があり、そこにデータが保存されているのを確認できます（図3.48）。

▲図3.48：MongoDB Atlasに保存されたデータ

確認のため、もう一回データを投稿してみましょう。Thunder Clientの「JSON」タブに図3.49のように入力します。

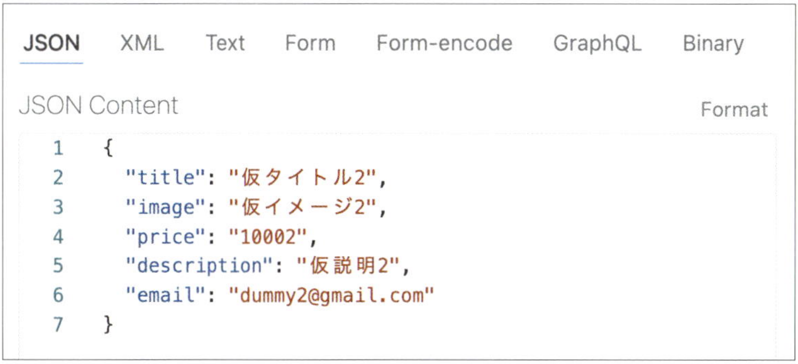

```
JSON  XML  Text  Form  Form-encode  GraphQL  Binary
JSON Content                                  Format
1  {
2      "title": "仮タイトル2",
3      "image": "仮イメージ2",
4      "price": "10002",
5      "description": "仮説明2",
6      "email": "dummy2@gmail.com"
7  }
```

▲図3.49：Thunder ClientにダミーのJSONデータを入力

　「Send」ボタンを押し、送ったデータがVS Codeのターミナルに表示されているのを確認したら、MongoDBに戻りましょう。データの確認にはブラウザをリロード（再読み込み）する必要があります。リロードすると、データが保存されているのがわかります（図3.50）。

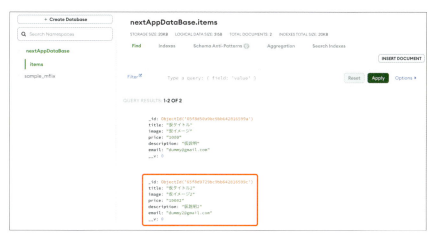

▲図3.50：MongoDB Atlasに保存された2つ目のデータ

今後console.log()は不要なので、次に進む前に消しておきましょう（リスト3.27）。

▼リスト3.27：app/api/item/create/route.js

```javascript
import { NextResponse } from "next/server"
import connectDB from "../../../utils/database"
import { ItemModel } from "../../../utils/schemaModels"

export async function POST(request){
    const reqBody = await request.json()
    console.log(reqBody)                              // 削除

    try{
        await connectDB()
        await ItemModel.create(reqBody)
        return NextResponse.json({message: "アイテム作成成功"})
    }catch{
        return NextResponse.json({message: "アイテム作成失敗"})
    }
}
```

これで本章の山場であるアイテムデータの「作成」機能が完成です。次は「読み取り」機能を作ります。

03 アイテムの読み取り（アイテムをすべて）

本章の山場で作業量も多かった「作成」の後は比較的ラクに進みます。まずは「読み取り」です。

前章の最後で見たように、アイテムの読み取りには、「すべてのアイテムデータを読み取る」と「ひとつだけアイテムデータを読み取る」の2種類があります。最初に「すべてのアイテムデータを読み取る」から作るので、/readall/route.jsを開き、リスト3.28のひな形コードを書いてください。ここでは「読み込み」の操作なので、POSTではなくGETになります。

▼リスト3.28：app/api/item/readall/route.js

```javascript
import { NextResponse } from "next/server"

export async function GET(){
    return NextResponse.json({message: "アイテム読み取り成功（オール）"})
}
```

データの読み取りには当然データベースとの接続が必要なので、リスト3.29のコードを加えます。

▼リスト3.29：app/api/item/readall/route.js

```javascript
import { NextResponse } from "next/server"
import connectDB from "../../../utils/database"   // 追加

export async function GET(){
    connectDB()                                    // 追加
    return NextResponse.json({message: "アイテム読み取り成功（オール）"})
}
```

データの読み取りが失敗した場合の処理を書きたいので、`try catch`とエラー時のレスポンス、さらに読み取り処理よりも前にデータベースとの接続を行いたいので`await`をそれぞれ書き加えましょう（リスト3.30）。

▼リスト3.30：app/api/item/readall/route.js

```javascript
import { NextResponse } from "next/server"
import connectDB from "../../../utils/database"

export async function GET(){
    // ↓追加
    try{
        await connectDB()
        return NextResponse.json({message: "アイテム読み取り成功（オール）"})
    }catch{
        return NextResponse.json({message: "アイテム読み取り失敗（オール）"})
    }
    // ↑追加
}
```

　MongoDBからデータの読み取りを行う機能はModelの中にあるので、`ItemModel`を読み込みます（リスト3.31）。

▼リスト3.31：app/api/item/readall/route.js

```javascript
import { NextResponse } from "next/server"
import connectDB from "../../../utils/database"
import { ItemModel } from "../../../utils/schemaModels"  // 追加

export async function GET(){
    ...
```

　データの読み取りには、`ItemModel`の中にある`find()`を使います。ここでも、この操作がしっかり完了した後に次の操作を実行したいので、`await`を書きましょう（リスト3.32）。

▼リスト3.32：app/api/item/readall/route.js

```javascript
...

export async function GET(){
    try{
        await connectDB()
        await ItemModel.find()    // 追加
        return NextResponse.json({message: "アイテム読み取り成功（オール）"})
    }catch{
        return NextResponse.json({message: "アイテム読み取り失敗（オール）"})
    }
}
```

　これでこのファイルは「すべてのアイテムデータの読み取り」という操作を実行します。ここではその読み取ったデータを確認したいので、リスト3.33のコードも追加しておきましょう。

▼リスト3.33：app/api/item/readall/route.js

```javascript
...

export async function GET(){
    try{
        await connectDB()
        const allItems = await ItemModel.find()    // 追加
        return NextResponse.json({message: "アイテム読み取り成功（オール）"})
    }catch{
        return NextResponse.json({message: "アイテム読み取り失敗（オール）"})
    }
}
```

　これにより、`ItemModel.find()`によってデータベースから取得されたデータは、`allItems`へと格納されます。このデータをブラウザで表示させたいので、`NextResponse`の`message`の後に書き加えましょう（リスト3.34）。

▼リスト3.34：app/api/item/readall/route.js

```javascript
return NextResponse.json({message: "アイテム読み取り成功（オール）", 
allItems: allItems})
```

これで意図通りに動くか確認してみます。ここまでの変更を保存してください。フォルダ構造を確認すると、これは`api`フォルダにある`item`フォルダの`readall`の`route.js`なので、URLは次のようになるはずです。

URL http://localhost:3000/api/item/readall

ブラウザで開くと図3.51のように表示されます。

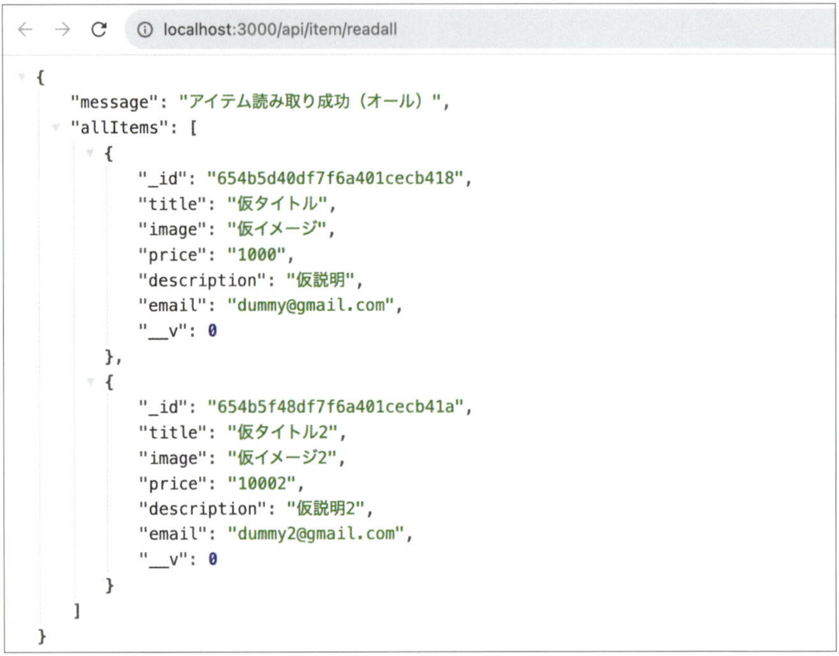
localhost:3000/api/item/readall
{
"message": "アイテム読み取り成功（オール）",
"allItems": [
{
"_id": "654b5d40df7f6a401cecb418",
"title": "仮タイトル",
"image": "仮イメージ",
"price": "1000",
"description": "仮説明",
"email": "dummy@gmail.com",
"__v": 0
},
{
"_id": "654b5f48df7f6a401cecb41a",
"title": "仮タイトル2",
"image": "仮イメージ2",
"price": "10002",
"description": "仮説明2",
"email": "dummy2@gmail.com",
"__v": 0
}
]
}

▲図3.51：ブラウザに表示されたすべてのアイテムデータ

すべてのアイテムデータが読み取れているのを確認できました。次は「ひとつだけデータを読み取る」機能を開発しましょう。

04 アイテムの読み取り（アイテムをひとつ）

一見シンプルに見える「アイテムを1つ読み取る」という処理には、実は気を付けるべき点があります。

前章の最後で、アイテムをひとつ読み取る処理を書くフォルダおよびファイルとして、`/api/item/readsingle/route.js`を用意しました。しかしこれは正しいのでしょうか。まず下記URLを開いてください（図3.52）。

URL https://nextbook-fullstack-app-folder.vercel.app/item/readsingle/65478ff981349fcd3162bf87

▲図3.52：アイテムのページ

このページにデータを供給しているのは次のURLです（図3.53）。

URL https://nextbook-fullstack-app-folder.vercel.app/api/item/readsingle/65478ff981349fcd3162bf87

```
{
  "message": "アイテム読み取り成功（シングル）",
  "singleItem": {
    "_id": "65478ff981349fcd3162bf87",
    "title": "色えんぴつ",
    "image": "/img2.jpg",
    "price": "1500",
    "description": "使いやすい色えんぴつです。Lorem ipsum dolor sit amet, consectetur adipiscing elit. Suspendisse maximus est tellus, eget porta leo tristique a. Donec hendrerit massa leo, id tempus dolor vulputate et. Pellentesque consectetur dolor placerat euismod pellentesque. Integer scelerisque, augue ac ullamcorper sodales, neque lectus tristique turpis, id luctus lectus lorem eu tortor. In imperdiet semper accumsan. Etiam pellentesque libero et scelerisque vehicula. Nam quis justo mi. Cras erat ex, rhoncus id blandit id, commodo ac leo. In hac habitasse platea dictumst.",
    "email": "miyoshi@gmail.com",
    "__v": 0
  }
}
```

▲図3.53：アイテムデータのページ

もうひとつ例を挙げてみます。下記URLを開いてください（図3.54）。

URL https://nextbook-fullstack-app-folder.vercel.app/item/readsingle/6547903681349fcd3162bf8c

▲図3.54：アイテムのページ

このページにデータを供給しているのは次のURLです（図3.55）。

URL https://nextbook-fullstack-app-folder.vercel.app/api/item/readsingle/6547903681349fcd3162bf8c

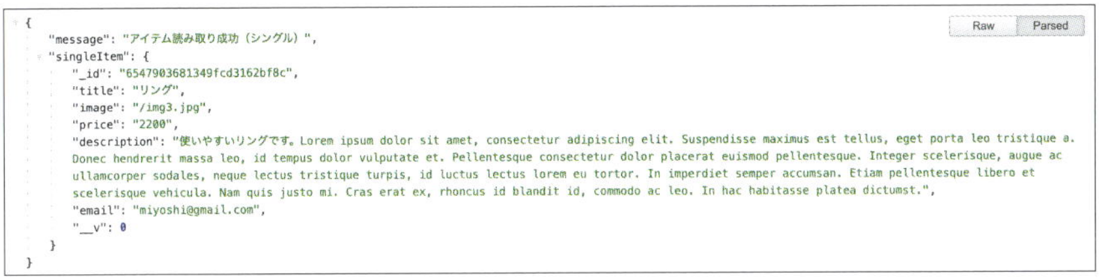

```
{
    "message": "アイテム読み取り成功（シングル）",
    "singleItem": {
        "_id": "6547903681349fcd3162bf8c",
        "title": "リング",
        "image": "/img3.jpg",
        "price": "2200",
        "description": "使いやすいリングです。Lorem ipsum dolor sit amet, consectetur adipiscing elit. Suspendisse maximus est tellus, eget porta leo tristique a. Donec hendrerit massa leo, id tempus dolor vulputate et. Pellentesque consectetur dolor placerat euismod pellentesque. Integer scelerisque, augue ac ullamcorper sodales, neque lectus tristique turpis, id luctus lectus lorem eu tortor. In imperdiet semper accumsan. Etiam pellentesque libero et scelerisque vehicula. Nam quis justo mi. Cras erat ex, rhoncus id blandit id, commodo ac leo. In hac habitasse platea dictumst.",
        "email": "miyoshi@gmail.com",
        "__v": 0
    }
}
```

▲図3.55：アイテムデータのページ

　このようにデータを供給しているURLを見て気が付くのは、/api/item/readsingle/の後にランダムな文字列が連なっていることです。しかしこれまでの考え方からすると、URLにはフォルダ名が使われるはずなので、URLは下記のように/readsingleで終わるべきだと思えます。

URL https://nextbook-fullstack-app-folder.vercel.app/api/item/readsingle

　しかし実際には、アイテムごとに異なるランダムな文字列が連なっているということは、62551e7b4b8a1d3946b7c385や6547903681349fcd3162bf8cという名前のフォルダを個別に作成し、その中にroute.jsを作ってコードを書いていく必要があることを意味するのでしょうか。

　もちろんそのようにしていくことも可能ですが、問題もあります。まずフォルダの数がアイテムの数だけ増えていくので、管理が難しくなることです。さらに、「アイテムデータをひとつ読み取る」という処理を行うコードはどのroute.jsでも同じはずなので、「書かれているコードは同じだけれどもフォルダ名だけ違う」という、無駄の多いフォルダ構成になってしまうことです。

　この問題は、図3.56のような「アイテムデータをひとつ読み取る」という操作を行う、汎用的なひな形のようなフォルダを用意することで解決できそうです。

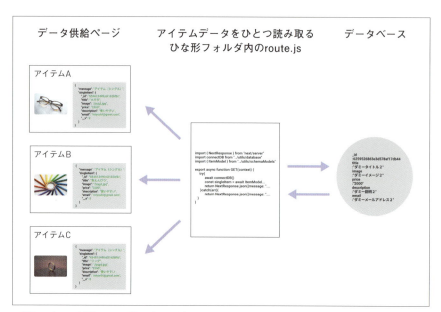

▲図3.56：ひな形フォルダのイメージ

次に考えたいのはフォルダ構成とその名前です。

Next.jsのappフォルダでは、フォルダ名がURLとして使われる（/app/api/item/readall/route.js→/api/item/readallなど）ことがわかっていますが、今作りたいURLは/api/item/readsingleの後にさらに文字列が続くものなので、/api/item/readsingleフォルダ内に、さらにもうひとつフォルダを作る必要がありそうです。

しかしそのフォルダの名前に、62551e7b4b8a1d3946b7c385のような、個別のアイテムの文字列を使うことは効率的でないとすでに説明しました。アイテムと同じ数だけフォルダも必要になるからです。

このような時に使うのが、Next.jsが用意している[id]という特別なフォルダ名です。[id]フォルダを作成して、その中にroute.jsファイルを作ると、このフォルダを異なるURLに対して割り当てることができます。実際に見ていきましょう。/item/readsingleフォルダ内に[id]フォルダを作成して

ください（図3.57）。

▲図3.57：[id]フォルダの作成

route.jsファイルは[id]フォルダの中に移動してください（図3.58）。

▲図3.58：[id]の中へ移動したroute.jsファイル

次はひな形コードを書きましょう。ここですることは、先ほど作った「アイテムの読み取り（アイテムをすべて）」と同じ「読み込み」の操作なので、GETを使います（リスト3.35）。

▼リスト3.35：app/api/item/readsingle/[id]/route.js

```javascript
import { NextResponse } from "next/server"
```

```
export async function GET(){
    return NextResponse.json({message: "アイテム読み取り成功（シングル）"})
}
```

　保存してください。このファイルにブラウザやThunder Clientからアクセスすれば、「アイテム読み取り成功（シングル）」というレスポンスが表示されるはずです。しかしそのURLはどういったものになるのでしょうか。ここまでの流れから考えると、フォルダ名が[id]なので、URLは次のようになると予想できます。

🔗 http://localhost:3000/api/item/readsingle/[id]

　しかし、URLに[や]は使えないので、これは間違っているとわかります。実は、/api/item/readsingle/より後の文字列は何でもいいのです。適当にabc123と文字列をつなげてブラウザで開いてみましょう（図3.59）。

🔗 http://localhost:3000/api/item/readsingle/abc123

▲図3.59：URLにランダムな文字を入力　その1

　/api/item/readsingle/[id]/route.jsが実行されているのを確認できます。URL末尾をxwz789と変えても同じように実行されます（図3.60）。

▲図3.60：URLにランダムな文字を入力　その2

フォルダ名を[id]にすると、URLが何であってもその中のroute.jsが実行されます。そのためNext.jsでは、「アイテムデータをひとつだけ読み取る」「ブログ記事をひとつだけ読み取る」といったような、「実行するコードは同じだが、URLは異なる」というケースでこのフォルダ名を使います。なおフォルダ名は、[と]で挟まれていれば[user]や[abc]などでも大丈夫です。本書では[id]を使っていきます。

　次に考えたいのは、URLに使われている/api/item/readsingle/より後の文字列を取得する方法です。なぜこれを取得する必要があるのかを説明しましょう。下記URLを再び開いてください（図3.61）。

URL https://nextbook-fullstack-app-folder.vercel.app/item/readsingle/65478ff981349fcd3162bf87

▲図3.61：アイテムのページ

　このページにデータを供給しているのは下記URLです（図3.62）。

URL https://nextbook-fullstack-app-folder.vercel.app/api/item/readsingle/65478ff981349fcd3162bf87

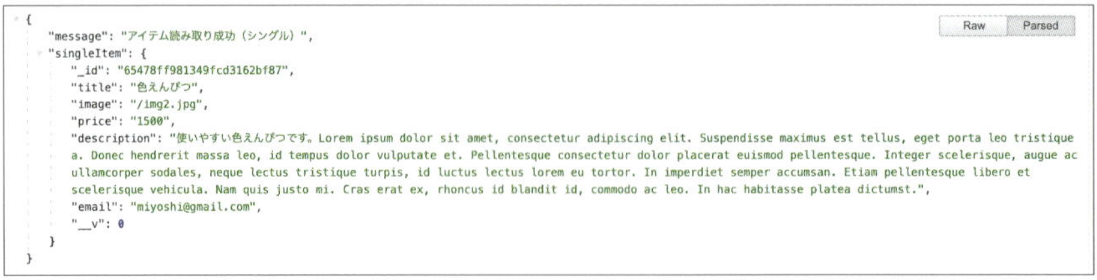

```
{
  "message": "アイテム読み取り成功（シングル）",
  "singleItem": {
    "_id": "65478ff981349fcd3162bf87",
    "title": "色えんぴつ",
    "image": "/img2.jpg",
    "price": "1500",
    "description": "使いやすい色えんぴつです。Lorem ipsum dolor sit amet, consectetur adipiscing elit. Suspendisse maximus est tellus, eget porta leo tristique a. Donec hendrerit massa leo, id tempus dolor vulputate et. Pellentesque consectetur dolor placerat euismod pellentesque. Integer scelerisque, augue ac ullamcorper sodales, neque lectus tristique turpis, id luctus lectus lorem eu tortor. In imperdiet semper accumsan. Etiam pellentesque libero et scelerisque vehicula. Nam quis justo mi. Cras erat ex, rhoncus id blandit id, commodo ac leo. In hac habitasse platea dictumst.",
    "email": "miyoshi@gmail.com",
    "__v": 0
  }
}
```

▲図3.62：アイテムデータのページ

　ここで/api/item/readsingle/より後の文字列を見ると、これは_idと同じだとわかります（図3.63）。

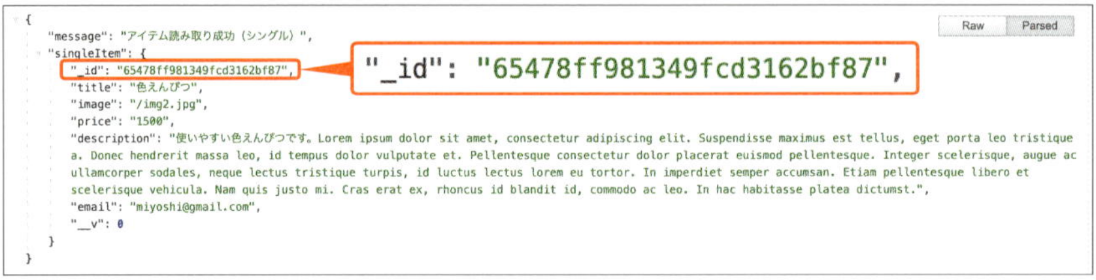

```
{
  "message": "アイテム読み取り成功（シングル）",
  "singleItem": {
    "_id": "65478ff981349fcd3162bf87",     "_id": "65478ff981349fcd3162bf87",
    "title": "色えんぴつ",
    "image": "/img2.jpg",
    "price": "1500",
    "description": "使いやすい色えんぴつです。Lorem ipsum dolor sit amet, consectetur adipiscing elit. Suspendisse maximus est tellus, eget porta leo tristique a. Donec hendrerit massa leo, id tempus dolor vulputate et. Pellentesque consectetur dolor placerat euismod pellentesque. Integer scelerisque, augue ac ullamcorper sodales, neque lectus tristique turpis, id luctus lectus lorem eu tortor. In imperdiet semper accumsan. Etiam pellentesque libero et scelerisque vehicula. Nam quis justo mi. Cras erat ex, rhoncus id blandit id, commodo ac leo. In hac habitasse platea dictumst.",
    "email": "miyoshi@gmail.com",
    "__v": 0
  }
}
```

▲図3.63：アイテムデータのページの_id

　先ほど説明したように、_idはデータを保存した時にMongoDBが自動で割り当ててくれるもので、それぞれのデータに異なる文字列が使われます。データベースからデータをひとつ読み取るには、どのデータが必要なのかを指定する必要がありますが、そこで使われるのがこの_idなのです。つまり、URLに入力された文字列から、データベース内のどのデータを読み取るかを決定するのです。とはいえ、このような言葉での説明ではわかりづらいので、実際にコードで見ていきましょう。

　[id]フォルダのroute.jsに、データベースと接続するコード、データの読み取りが失敗したケースに対応するためのtry catch文、さらに処理が完了するのを待つawaitを追加してください。リスト3.36のようになります。

▼リスト3.36：app/api/item/readsingle/[id]/route.js

```javascript
import { NextResponse } from "next/server"
import connectDB from "../../../../utils/database"

export async function GET(){
    try{
        await connectDB()
        return NextResponse.json({message: "アイテム読み取り成功（シングル）"})
    }catch{
        return NextResponse.json({message: "アイテム読み取り失敗（シングル）"})
    }
}
```

次は、入力されたURLを取得する方法です。ここではNext.jsが用意している特別なコードcontextを使います。リスト3.37のコードを書き加えてください。contextの中身を確認するためのconsole.log()も追加しています。なおcontextはGET横のカッコ内に2つ目の要素として書く必要があるので、requestも書き加えてあります。

▼リスト3.37：app/api/item/readsingle/[id]/route.js

```javascript
import { NextResponse } from "next/server"
import connectDB from "../../../../utils/database"

export async function GET(request, context){      // 追加
    console.log(context)                          // 追加
    try{
        await connectDB()
        return NextResponse.json({message: "アイテム読み取り成功（シングル）"})
    }catch{
        ...
```

保存したら、/api/item/readsingle/より後に適当な文字列を入れた下記URLをブラウザで開いてください。

🔗 http://localhost:3000/api/item/readsingle/abc123

図3.64のように表示され、`/api/item/readsingle/[id]/route.js`ファイルが実行されているのがわかります。

```
← → C  ⓘ localhost:3000/api/item/readsingle/abc123

▼ {
      "message": "アイテム読み取り成功（シングル）"
  }
```

▲図3.64：/item/readsingle/[id]/route.jsの表示

　ターミナルを見ると、`console.log()`によって`context`の中身が表示されています（図3.65）。

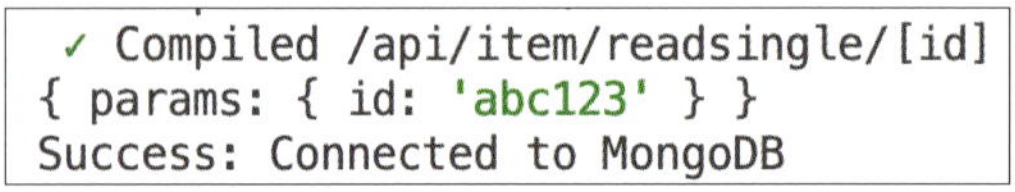

```
✓ Compiled /api/item/readsingle/[id]
{ params: { id: 'abc123' } }
 Success: Connected to MongoDB
```

▲図3.65：ターミナルに表示されたcontextの中身

　`context`の中にある`params`の`id`部分が、URLの末尾の文字列と一致しているのがわかります。そのため、`console.log()`のカッコの中をリスト3.38のようにすると、URL末尾の文字列だけを取得できそうです。

▼リスト3.38：app/api/item/readsingle/[id]/route.js

```javascript
console.log(context.params.id)
```

　変更を保存したら、ブラウザで再び下記URLを開きましょう。

🔗 http://localhost:3000/api/item/readsingle/abc123

　そしてターミナルを確認します（図3.66）。

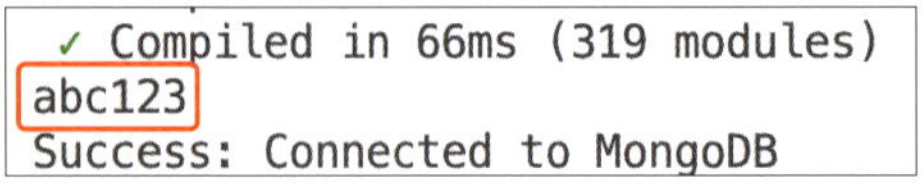

```
✓ Compiled in 66ms (319 modules)
abc123
 Success: Connected to MongoDB
```

▲図3.66：ターミナルに表示されたcontext.params.id

以上で、URL末尾の文字列は`context.params.id`で取得できるとわかりました。次はこれを使って、MongoDBのデータを指定して読み取りましょう。リスト3.39のコードを書き加えてください。`console.log()`は不要なので消しておきます。

▼リスト3.39：app/api/item/readsingle/[id]/route.js

```javascript
import { NextResponse } from "next/server"
import connectDB from "../../../../utils/database"
import { ItemModel } from "../../../../utils/schemaModels"  // 追加

export async function GET(request, context){
    console.log(context.params.id)      // 削除
    try{
        await connectDB()
        await ItemModel.findById()       // 追加
        return NextResponse.json({message: "アイテム読み取り成功（シングル）"})
    }catch{
        return NextResponse.json({message: "アイテム読み取り失敗（シングル）"})
    }
}
```

　`ItemModel`の中にある`findById()`の働きは、指定したデータをひとつ読み取ることです。データの指定はMongoDBの`_id`を使って行うので、カッコにはリスト3.40のように`context.params.id`を入れます。

▼リスト3.40：app/api/item/readsingle/[id]/route.js

```javascript
await ItemModel.findById(context.params.id)
```

　読み取ったデータを確認したいので、リスト3.41のコードも書き加えましょう。

▼リスト3.41：app/api/item/readsingle/[id]/route.js

```javascript
...
export async function GET(request, context){
    try{
        await connectDB()
```

```
        const singleItem = await ItemModel.findById(context.params.id)
                        // 追加
        return NextResponse.json({message: "アイテム読み取り成功（シングル）",
singleItem: singleItem})  // 追加
    }catch{
        return NextResponse.json({message: "アイテム読み取り失敗（シングル）"})
    }
}
```

保存します。これで読み取ったデータは`singleItem`に格納され、それが`NextResponse`でブラウザに送られて表示されるはずです。コードが正しく動くか確認してみましょう。

`/api/item/readsingle/`より後の文字列にはMongoDBの`_id`を使うので、MongoDBを開いてコピーします。必要なのは`ObjectId()`のカッコ内の文字列です（図3.67）（文字列は読者の環境によって異なります）。

```
QUERY RESULTS: 1-2 OF 2

    _id: ObjectId('65f8d50a9bc9bb642816599a')
    title: "仮タイトル"
    image: "仮イメージ"
    price: "1000"
    description: "仮説明"
    email: "dummy@gmail.com"
    __v: 0


    _id: ObjectId('65f8d9729bc9bb642816599c')
    title: "仮タイトル2"
    image: "仮イメージ2"
    price: "10002"
    description: "仮説明2"
    email: "dummy2@gmail.com"
    __v: 0
```

▲図3.67：MongoDBの_id

これを`/api/item/readsingle/`より後につなげて、ブラウザで開きましょう。図3.68のようになります。

localhost:3000/api/item/readsingle/65f8d50a9bc9bb642816599a


```
{
    "message": "アイテム読み取り成功（シングル）",
    "singleItem": {
        "_id": "65f8d50a9bc9bb642816599a",
        "title": "仮タイトル",
        "image": "仮イメージ",
        "price": "1000",
        "description": "仮説明",
        "email": "dummy@gmail.com",
        "__v": 0
    }
}
```


▲図3.68：ブラウザに表示されたアイテムデータひとつ

これで指定したアイテムデータをひとつ、確かに読み取れることがわかりました。

ここまでで「データの作成」「すべてのデータの読み取り」「ひとつだけデータの読み取り」ができたので、次は「データの修正」機能を開発していきましょう。

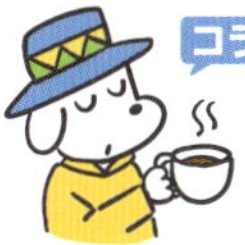

コラム

ダイナミックページの作り方の違い（AppフォルダとPagesフォルダ）

汎用的な働きをするひな形フォルダ／ファイルの名前について、Next.jsバージョン13で導入されたAppフォルダと、それ以前のPagesフォルダとの違いをまとめると表3.2のようになります。Pagesフォルダでは、[id]という名前が、フォルダではなくファイルに対して使われていました。

▼表3.2：AppフォルダとPagesフォルダのダイナミックページの作り方

URL	フォルダ構成（Appフォルダ）	フォルダ構成（Pagesフォルダ）
/api/item/readsingle/9fcd3162bf8c	/app/api/item/readsingle/[id]/route.js	/pages/api/item/readsingle/[id].js

05 アイテムの修正

> 実は「修正」の操作とは、ここまで作ってきた「作成」と「読み取り」の処理を組み合わせたものです。

　Instagramや投稿サイトなどで、データを修正した時のことを思い出してみましょう。最初にするのは、修正したい投稿を開くことです。そして「編集する」などのボタンを押して、投稿した文章を直したり、写真を変更したりします。つまり修正には、その前段階として「データをひとつ指定する」というプロセスが挟まっているのです。

　これは今作ってきた「ひとつだけデータを読み取る」と似ています。ここでも「読み取るデータをひとつ指定する」というプロセスがあったからです。データの指定は、[id]という複数のURLに適用できるフォルダを作り、その中のroute.jsにおいてcontext.params.idでURLを読み取って行いました。

　アイテムデータの修正機能でも、この流れを踏襲できそうです。/api/item/updateフォルダの中に[id]フォルダを作り、その中にroute.jsを移動させてください（図3.69）。

▲図3.69：/api/item/updateフォルダ

ここにリスト3.42のひな形コードを書きます。

▼リスト3.42：app/api/item/update/[id]/route.js

```javascript
import { NextResponse } from "next/server"

export async function GET(){
    return NextResponse.json({message: "アイテム編集成功"})
}
```

　最初にこのコードが正しく動くか確認しましょう。保存したらブラウザに行き、下記URLを開いてください。末尾には適当な文字列をつなげています。

🔗 http://localhost:3000/api/item/update/xyz789

図3.70のように表示されます。

▲図3.70：ブラウザの表示

　これでリスト3.42のコードは正しく動いているとわかりました。これ以降の流れは、先ほど作った「ひとつだけデータを読み取る」とほぼ同じです。最初に、HTTPメソッドを「修正」を表すPUTに変えましょう（リスト3.43）。

▼リスト3.43：app/api/item/update/[id]/route.js

```javascript
import { NextResponse } from "next/server"

export async function PUT(){         // 変更
    return NextResponse.json({message: "アイテム編集成功"})
}
```

データベースと接続するコード、データの読み取りが失敗したケースに対応するためのtry catch文、さらに処理が完了するのを待つawaitを追加します（リスト3.44）。

▼リスト3.44：app/api/item/update/[id]/route.js

```javascript
import { NextResponse } from "next/server"
import connectDB from "../../../../../utils/database"

export async function PUT(){
    try{
        await connectDB()
        return NextResponse.json({message: "アイテム編集成功"})
    }catch{
        return NextResponse.json({message: "アイテム編集失敗"})
    }
}
```

　フロントエンドやThunder Clientから送られてきた修正済みのデータを受け取る必要があるので、「アイテムの作成」でしたようにrequestの追加、requestの中身を解析する.json()、そしてそのデータを格納するreqBodyを書き足しましょう（リスト3.45）。

▼リスト3.45：app/api/item/update/[id]/route.js

```javascript
import { NextResponse } from "next/server"
import connectDB from "../../../../../utils/database"

export async function PUT(request){          // 追加
    const reqBody = await request.json()     // 追加
    try{
        await connectDB()
        return NextResponse.json({message: "アイテム編集成功"})
    }catch{
        ...
```

修正はItemModelのupdateOne()を使うので、読み込みます（リスト3.46）。

▼リスト3.46：app/api/item/update/[id]/route.js

```javascript
import { NextResponse } from "next/server"
import connectDB from "../../../../../utils/database"
import { ItemModel } from "../../../../../utils/schemaModels" // 追加

export async function PUT(request){
    const reqBody = await request.json()
    try{
        await connectDB()
        await ItemModel.updateOne()            // 追加
        return NextResponse.json({message: "アイテム編集成功"})
    }catch{
        ...
```

　修正したいデータの指定はURLに入力された文字列を取得して行うので、context.params.idを使います。これでMongoDB内のデータを指定し、そして修正済みのデータが入ったreqBodyを使って、データ全体を新しいデータで置き換えることで修正を実行するのです。リスト3.47のように書いてください。

▼リスト3.47：app/api/item/update/[id]/route.js

```javascript
import { NextResponse } from "next/server"
import connectDB from "../../../../../utils/database"
import { ItemModel } from "../../../../../utils/schemaModels"

export async function PUT(request, context){           // 追加
    const reqBody = await request.json()
    try{
        await connectDB()
        await ItemModel.updateOne({_id: context.params.id}, reqBody)  // 追加
        return NextResponse.json({message: "アイテム編集成功"})
    }catch{
        return NextResponse.json({message: "アイテム編集失敗"})
    }
}
```

ここで`updateOne`の右側が`{_id: ...`となっているのは、以前登場した`findById()`がその名前の通り`_id`を使うことが前提となっていたのに対し、`updateOne()`では「データの特定には`_id`を使う」と指定してあげる必要があるためです。

　変更をすべて保存します。このコードが正しく動くかを、Thunder Clientで確認しましょう。以前使っていたThunder Clientのタブを閉じてしまっている人は、VS Code左部の稲妻アイコンをクリックし、「New Request」ボタンを押してください。URL欄には図3.71のように入力します。URLが`/update/`となっていることに注意してください。末尾の文字列は、MongoDB内のアイテムの`_id`の`ObjectId()`のカッコ内の文字列を使います。

▲図3.71：Thunder ClientのNew Request

　URL欄の下にある「Body」から「JSON」を開き、図3.72のように修正データを入力します。

▲図3.72：Thunder ClientのJSONタブの修正データ

これでURLと修正データの準備が完了したので、最後にURL欄左のHTTPメソッドを「PUT」に変えます（図3.73）。

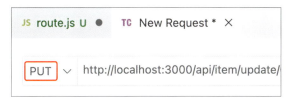

▲図3.73：Thunder ClientのHTTPメソッドを「PUT」に変更

　「Send」ボタンを押し、修正が成功すると、図3.74のように表示されます。

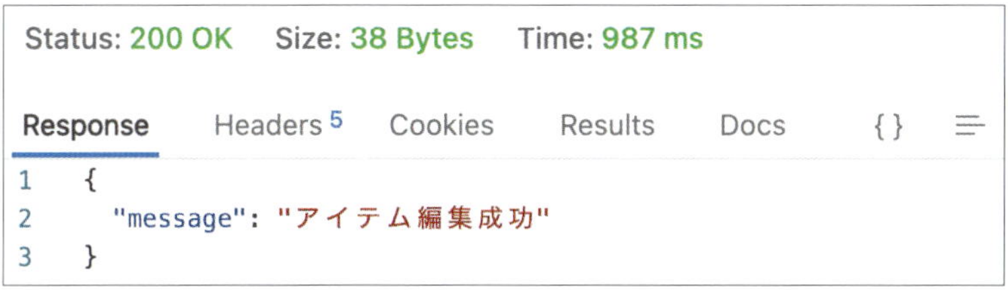

```
Status: 200 OK   Size: 38 Bytes   Time: 987 ms

Response   Headers 5   Cookies   Results   Docs   { }   ≡
1  {
2      "message": "アイテム編集成功"
3  }
```

▲図3.74：アイテム編集成功後の表示

　データベースを確認してみましょう。MongoDBに行き、リロードしてください。そうすると図3.75のように、データの修正が行われています。

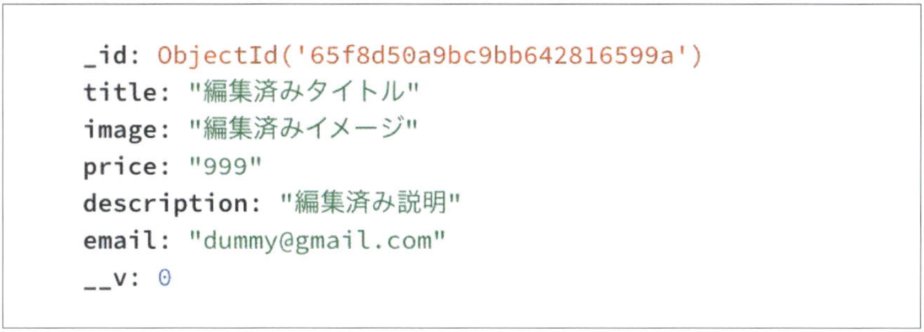

```
_id: ObjectId('65f8d50a9bc9bb642816599a')
title: "編集済みタイトル"
image: "編集済みイメージ"
price: "999"
description: "編集済み説明"
email: "dummy@gmail.com"
__v: 0
```

▲図3.75：アイテム編集成功後のMongoDBのデータ

　修正が実行されていると確認できました。本章の最後に「アイテムの削除」機能を作っていきましょう。

06 アイテムの削除

「削除」の流れは「編集」とほとんど同じです。

　アイテムデータの削除の流れは、今作った修正とほぼ同じになります。削除の操作でも、最初にすることは削除したいデータの指定だからです。`/api/item/delete`フォルダ内に`[id]`フォルダを作ってください。その中に`route.js`ファイルを移動します（図3.76）。

▲図3.76：/api/item/delete フォルダ

　これまでと同じようなひな形コード、データベースとの接続コード、`try catch`、さらに`await`を書きます。HTTPメソッドは`DELETE`にしておきましょう。リスト3.48のようになります。

▼リスト3.48：app/api/item/delete/[id]/route.js

```javascript
import { NextResponse } from "next/server"
import connectDB from "../../../../utils/database"

export async function DELETE(){
    try{
        await connectDB()
        return NextResponse.json({message: "アイテム削除成功"})
    }catch{
        return NextResponse.json({message: "アイテム削除失敗"})
    }
}
```

データの削除には`ItemModel`の`deleteOne()`を使います。データの指定に使うものはこれまでと同じ`context.params.id`なので、`context`を書き加えましょう。修正を行う`updateOne()`とは違い、削除の処理で投稿するデータはないので、`request.json()`や`reqBody`は不要です。（リスト3.49）。

▼リスト3.49：app/api/item/delete/[id]/route.js

```javascript
import { NextResponse } from "next/server"
import connectDB from "../../../../utils/database"
import { ItemModel } from "../../../../utils/schemaModels"    // 追加

export async function DELETE(request, context){              // 追加
    try{
        await connectDB()
        await ItemModel.deleteOne({_id: context.params.id})   // 追加
        return NextResponse.json({message: "アイテム削除成功"})
    }catch{
        return NextResponse.json({message: "アイテム削除失敗"})
    }
}
```

変更を保存してください。正しく動くか確認しましょう。

Thunder Clientを開き、URL欄に図3.77のように入力します。削除なので、URLが`/delete/`となっていることに注意してください。末尾の文字列は、各自のMongoDBの`_id`の`ObjectId()`のカッコ内の文字列で置き換えてくだ

さい。HTTPメソッドは「DELETE」を選びます。

JS route.js U
TC New Request * ×
DELETE
http://localhost:3000/api/item/delete/65f8d50a9bc9bb642816599a
Send

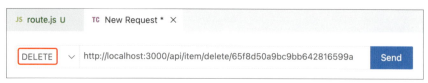

▲図3.77：Thunder Client

「Send」ボタンを押してください。図3.78のように表示されれば、削除が完了しているはずです。

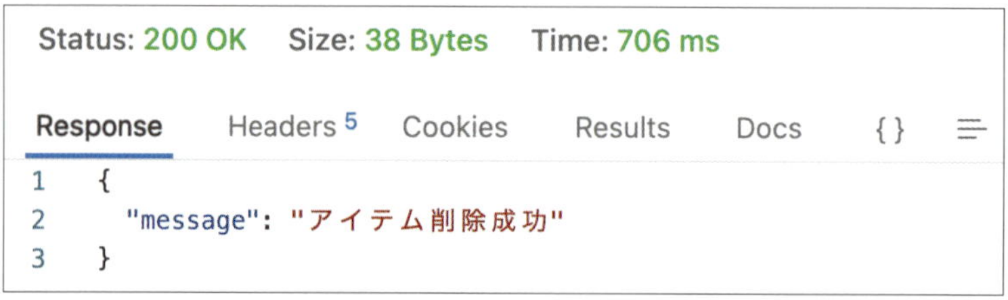
Status: 200 OK Size: 38 Bytes Time: 706 ms
Response
Headers 5
Cookies
Results
Docs
{ }
1 {
2 "message": "アイテム削除成功"
3 }

▲図3.78：アイテム削除成功後の表示

確認してみましょう。MongoDBに行き、変更を反映させるためにリロードすると、データがひとつ削除されているとわかります。

以上で、「アイテムデータを作成する、すべて読み取る、ひとつだけ読み取る、修正する、削除する」というアイテムに関係する機能がすべて完成しました。次章では、ユーザー登録とログインの機能を作っていきます。

ここまでのコードは下記URLにあるので、参考にしてください。

URL https://github.com/mod728/nextjs-book-fullstack-app-folder-v2/tree/chapter3

Chapter4
ユーザー登録と
ログイン機能

現在私たちが開発しているアプリでは、ログインしているユーザーだけがアイテムの作成や修正、削除を行えるようにします。本章ではそのために必要となる機能、つまりユーザー登録機能、ログイン機能、さらにログイン状態を維持する機能、およびユーザーのログイン状態を判定する機能を作っていきましょう。

01 ユーザー登録機能

登録機能の作り方や制約付きSchemaの書き方を紹介します。

ユーザーには名前とメールアドレスを登録し、アカウントを作ってもらう必要があります。ユーザー登録とは新しくデータを作成することなので、流れは前章の「アイテムデータの作成」と同じです。

しかし、今回はアイテムデータではなくユーザーデータなので、それ専用のSchemaとModelが新しく必要です。schemaModels.jsを開き、リスト4.1のコードを書いてください。

▼リスト4.1：app/utils/schemaModels.js

```javascript
import mongoose from "mongoose"

const Schema = mongoose.Schema

const ItemSchema = new Schema({
    title: String,
    image: String,
    price: String,
    description: String,
    email: String,
})

const UserSchema = new Schema({}) // 追加

export const ItemModel = mongoose.models.Item || mongoose.model("Item", 
ItemSchema)
```

保存するデータの形と種類を定めるSchemaですが、アイテムデータでは

titleやimage、priceなどが使われていました。ユーザーデータとして今回データベースに保存したいのは、「ユーザー名」「メールアドレス」「パスワード」の3つなので、保存するデータの形はリスト4.2のようになります。

▼リスト4.2：app/utils/schemaModels.js

```javascript
...

const ItemSchema = new Schema({
    title: String,
    image: String,
    price: String,
    description: String,
    email: String,
})

const UserSchema = new Schema({
    // ↓追加
    name:
    email:
    password:
    // ↑追加
})

export const ItemModel = mongoose.models.Item || mongoose.model("Item", ↵
ItemSchema)
```

次にデータの種類を定めます。データはすべて文字か数字、つまり文字列なので、リスト4.3のようにすべてStringと書くこともできます。

▼リスト4.3：app/utils/schemaModels.js

```javascript
...

const UserSchema = new Schema({
    name: String,
    email: String,
    password: String,
})

export const ItemModel = mongoose.models.Item || mongoose.model("Item", ↵
ItemSchema)
```

しかしもう少し細かくSchemaを定義することも可能なので、ここではそれを紹介しましょう。通常ウェブアプリのアカウントは、メールアドレスとひも付けられています。ユーザー登録に一度使ったメールアドレスでは、2つ目、3つ目のアカウントは作れないようになっているのです。本アプリでも、データベースに保存するメールアドレスはすべて異なるものにしたいので、リスト4.4のように書きましょう。さらにメールアドレスは必須項目にしたいので、`required`も追加してあります。`required`の付いている項目が空欄の場合は、データベースへの書き込みが失敗します。

▼リスト4.4：app/utils/schemaModels.js

```javascript
...

const UserSchema = new Schema({
    name: String,
    // ↓追加
    email: {
        type: String,
        required: true,
        unique: true
    },
    // ↑追加
    password: String,
})

export const ItemModel = mongoose.models.Item || mongoose.model("Item", ItemSchema)
```

　`name`と`password`にもより細かい条件を付けて、リスト4.5のように書きましょう。

▼リスト4.5：app/utils/schemaModels.js

```javascript
...

const UserSchema = new Schema({
    // ↓追加
    name: {
        type: String,
        required: true
```

```javascript
    },
    // ↑追加
    email: {
        type: String,
        required: true,
        unique: true
    },
    // ↓追加
    password: {
        type: String,
        required: true
    }
    // ↑追加
})

export const ItemModel = mongoose.models.Item || mongoose.model("Item", 
ItemSchema)
```

　これでユーザーデータのSchemaができました。ここからModelを生成します（リスト4.6）。

▼リスト4.6：app/utils/schemaModels.js

```javascript
...

const UserSchema = new Schema({
    name: {
        type: String,
        required: true
    },
    email: {
        type: String,
        required: true,
        unique: true
    },
    password: {
        type: String,
        required: true
    }
})

export const ItemModel = mongoose.models.Item || mongoose.model("Item", 
ItemSchema)
```

```javascript
// ↓追加
export const UserModel = mongoose.model("User", UserSchema)
```

アイテムデータのModelと同じように、このコードでは後でエラーの出ることがあるので、リスト4.7のように書いておきます。

▼リスト4.7：app/utils/schemaModels.js

```javascript
export const UserModel = mongoose.models.User || mongoose.model("User", UserSchema)
```

これで、ユーザーデータをMongoDBに保存するための下準備が完了です。次にユーザーデータを作成するコードを書いていきます。

ユーザー関係のフォルダは、apiフォルダの中にuserとしてすでに作ってあります。まずここにユーザー登録機能に使うregisterフォルダと、ログイン機能に使うloginフォルダを作りましょう（図4.1）。

▲図4.1：registerフォルダとloginフォルダ

それぞれのフォルダの中にroute.jsファイルを作ります（図4.2）。

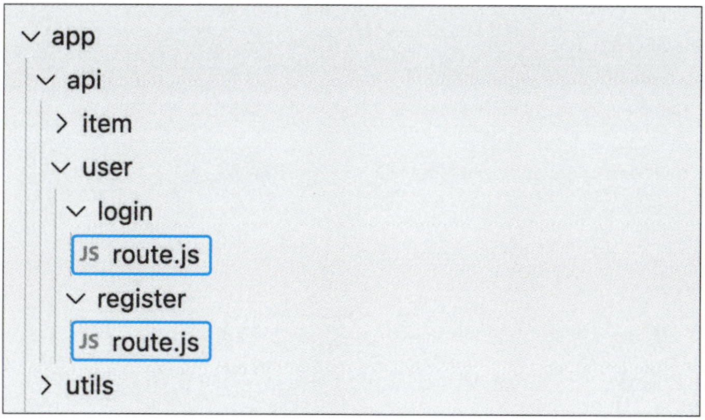

```
∨ app
  ∨ api
    > item
    ∨ user
      ∨ login
        JS route.js
      ∨ register
        JS route.js
  > utils
```

▲図4.2：route.jsファイルを作成

　`/api/user/register/route.js`に、リスト4.8のひな形コードを書きましょう。

▼リスト4.8：app/api/user/register/route.js

```javascript
import { NextResponse } from "next/server"

export async function GET(){
    return NextResponse.json({message: "ユーザー登録成功"})
}
```

　先ほど触れたように、ユーザー登録とは新しくデータを作成することなので、前章のアイテムデータの作成（`/api/item/create/route.js`）とほぼ同じコードになります。リスト4.9のようにコードを書き加えてください。HTTPメソッドをPOSTにするのを忘れないようにしましょう。

▼リスト4.9：app/api/user/register/route.js

```javascript
import { NextResponse } from "next/server"
import connectDB from "../../../utils/database"
import { UserModel } from "../../../utils/schemaModels"

export async function POST(request){
    const reqBody = await request.json()
```

```
    try{
        await connectDB()
        await UserModel.create(reqBody)
        return NextResponse.json({message: "ユーザー登録成功"})
    }catch{
        return NextResponse.json({message: "ユーザー登録失敗"})
    }
}
```

変更を保存します。実際にこのコードが動くか確かめてみましょう。Thunder Clientを開き、HTTPメソッドを「POST」にし、URL欄には下記URLを入力してください。

URL http://localhost:3000/api/user/register

図4.3のようになります。

▲図4.3：Thunder Clientに入力後

次にURL欄下部の「Body」から「JSON」を開き、リスト4.10のダミーのユーザーデータを入力します。

▼リスト4.10：ダミーデータ

```javascript
{
  "name": "monotein",
  "email": "dummy@gmail.com",
  "password": "mono-123"
}
```

図4.4のようになります。

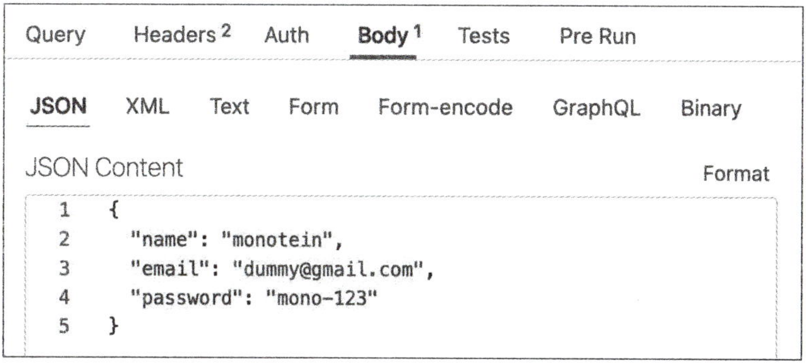

```
Query    Headers 2   Auth    Body 1   Tests   Pre Run

JSON   XML   Text   Form   Form-encode   GraphQL   Binary

JSON Content                                          Format
1  {
2    "name": "monotein",
3    "email": "dummy@gmail.com",
4    "password": "mono-123"
5  }
```

▲図4.4：Thunder Clientに入力後

「Send」ボタンを押し、「ユーザー登録成功」とメッセージが表示されたらMongoDBに行きます。リロード（再読み込み）すると、図4.5のように「users」という項目ができており、その中に今投稿したユーザーデータが保存されています。

▲図4.5：MongoDBに保存されたユーザーデータ

これでユーザー登録の機能ができました。次はログイン機能です。

02 ログイン機能

> ユーザーの状態に合わせて実行する処理を変えるコードを書いていきます。

/api/user/login/route.jsに、リスト4.11のひな形コードを書きましょう。

▼リスト4.11：app/api/user/login/route.js

```javascript
import { NextResponse } from "next/server"

export async function GET(){
    return NextResponse.json({message: "ログイン成功"})
}
```

最初に考えたいのは、ログインとはどういうプロセスなのかということです。

ユーザーはメールアドレスとパスワードを入力してログインを行います。しかしその中には、ユーザー登録を済ませていない人がいるかもしれません。なのでまず最初にすべきことは、ユーザーが登録を済ませているかチェックすることです。このチェックは、データベースからユーザーデータを取得し、そのデータを調べることで行います。この機能をまず作っていきましょう。

データベースとの接続、`try catch`文、`await`など、ここまで何度もセットで使ったコードをリスト4.12のように書き加えましょう。HTTPメソッドは「POST」にしておきます。

▼リスト4.12：app/api/user/login/route.js

```javascript
import { NextResponse } from "next/server"
import connectDB from "../../../utils/database"

export async function POST(request){
    const reqBody = await request.json()
    try{
        await connectDB()
        return NextResponse.json({message: "ログイン成功"})
    }catch{
        return NextResponse.json({message: "ログイン失敗"})
    }
}
```

　ログインを試みている人のデータがデータベースにあるかを調べるには、データの読み取りが必要です。しかし、ユーザーデータすべてを読み取る必要はありません。Schemaで設定したように、データベースに保存されているメールアドレスはすべて異なるはずなので、ログイン画面で入力されたメールアドレスが存在しているかを調べれば十分なのです。リスト4.13のコードを書き加えてください。

▼リスト4.13：app/api/user/login/route.js

```javascript
import { NextResponse } from "next/server"
import connectDB from "../../../utils/database"
import { UserModel } from "../../../utils/schemaModels"   // 追加

export async function POST(request){
    const reqBody = await request.json()
    try{
        await connectDB()
        await UserModel.findOne()                          // 追加
        return NextResponse.json({message: "ログイン成功"})
    }catch{
        ...
```

　前章でアイテムデータをひとつだけ読み取る時には、URLから_idを見付けるために`findById(context.params.id)`と書きました。しかし今回は、_

idにしか使えないfindById()ではなく、findOne()を使っています。findOne()では何を目安にデータを探すのか指定する必要があるので、emailと書き加えてください。そしてその右には、投稿されたデータreqBodyに含まれるemailを当てはめます（リスト4.14）。

▼リスト4.14：app/api/user/login/route.js

```javascript
...

export async function POST(request){
    const reqBody = await request.json()
    try{
        await connectDB()
        await UserModel.findOne({email: reqBody.email})      // 追加
        return NextResponse.json({message: "ログイン成功"})
    }catch{
        ...
```

これで本当にメールアドレスを使ってユーザーデータを読み取れるのか、確かめてみましょう。リスト4.15のコードを加えます。

▼リスト4.15：app/api/user/login/route.js

```javascript
...

export async function POST(request){
    const reqBody = await request.json()
    try{
        await connectDB()
        const savedUserData = await UserModel.findOne({email: 
reqBody.email})  // ↑追加
        console.log(savedUserData)        // 追加
        return NextResponse.json({message: "ログイン成功"})
    }catch{
        ...
```

変更を保存したらThunder Clientを開き、HTTPメソッドは「POST」、URL欄には次のURLを入力します。

URL http://localhost:3000/api/user/login

図4.6のようになります。

▲図4.6：Thunder Clientに入力後

「Body」から「JSON」を開き、リスト4.16のようなログインデータを入力します。先ほどユーザー登録時に使ったものと同じemailとpasswordにしてください。

▼リスト4.16：ログインデータ

```javascript
{
  "email": "dummy@gmail.com",
  "password": "mono-123"
}
```

図4.7のようになります。

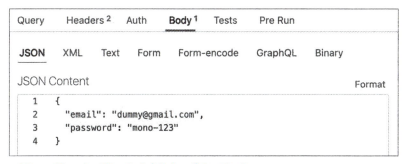

▲図4.7：Thunder Clientに入力したログインデータ

「Send」ボタンを押しましょう。ターミナルを確認すると、メールアドレスを目安にして、データベースのユーザーデータが確かに読み取れていることがわかります（図4.8）。

```
○ Success: Connected to MongoDB
{
  _id: new ObjectId('654ca2fedf7f6a401cecb423'),
  name: 'monotein',
  email: 'dummy@gmail.com',
  password: 'mono-123',
  __v: 0
}
```

▲図4.8：ターミナルの表示

　ユーザーデータを読み取れることが確認できました。次に必要なのは、ユーザーデータがある場合とない場合の処理です。ここではif文を使いましょう。わかりやすいように、ここからはコメントを入れていきます（リスト4.17）。

▼リスト4.17：app/api/user/login/route.js

```javascript
...

export async function POST(request){
    const reqBody = await request.json()
    try{
        await connectDB()
        const savedUserData = await UserModel.findOne({email: reqBody.email})
        console.log(savedUserData)
        // ↓追加
        if(savedUserData){
            // ユーザーデータが存在する場合の処理
            return NextResponse.json({message: "ログイン成功"})
        }else{
            // ユーザーデータが存在しない場合の処理
            return NextResponse.json({message: "ログイン失敗：ユーザー登録をして｣
ください"})
        }
        // ↑追加
    }catch{
        return NextResponse.json({message: "ログイン失敗"})
    }
}
```

　ユーザーデータが存在している場合、次にすべきことはパスワードの確認です。パスワードの確認は、「入力されたパスワード」と「データベースに保存されているパスワード」を比較すれば可能です。データベースに保存されている

データsavedUserDataにはパスワードも入っているので、それを使ってリスト4.18のように書きます。console.log(savedUserData)は不要なので消しましょう。

▼リスト4.18：app/api/user/login/route.js

```javascript
...

export async function POST(request){
    const reqBody = await request.json()
    try{
        await connectDB()
        const savedUserData = await UserModel.findOne({email: reqBody.email})
        console.log(savedUserData)     // 削除
        if(savedUserData){
            // ユーザーデータが存在する場合の処理

            // ↓追加
            if(reqBody.password === savedUserData.password){
                // パスワードが正しい場合の処理
                return NextResponse.json({message: "ログイン成功"})
            }else{
                // パスワードが間違っている場合の処理
                return NextResponse.json({message: "ログイン失敗：パスワードが間違っています"})
            }
            // ↑追加
        }else{
            // ユーザーデータが存在しない場合の処理
            return NextResponse.json({message: "ログイン失敗：ユーザー登録をしてください"})
        }
    }catch{
        return NextResponse.json({message: "ログイン失敗"})
    }
}
```

　意図通りに動くか確認しましょう。変更を保存したらThunder Clientを開き、図4.9のようにユーザー登録で使ったものと同じメールアドレスとパスワードを「JSON」タブに入力し、「Send」ボタンを押します。

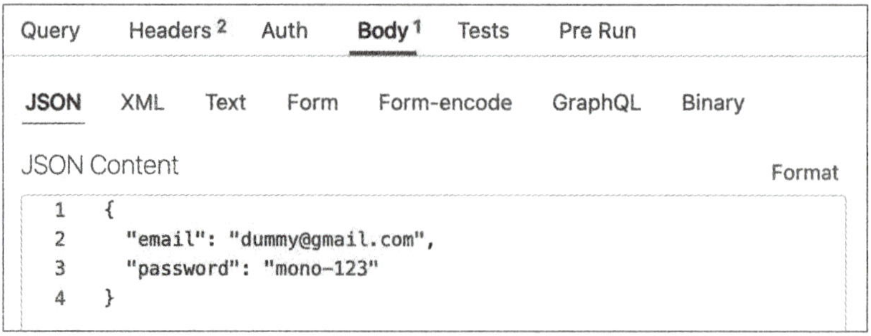

```
Query    Headers 2   Auth   Body 1   Tests   Pre Run

JSON   XML   Text   Form   Form-encode   GraphQL   Binary

JSON Content                                          Format
  1  {
  2    "email": "dummy@gmail.com",
  3    "password": "mono-123"
  4  }
```

▲図4.9：Thunder Clientに入力後

「ログイン成功」と表示されれば、コードが意図通りに動いていることになります（図4.10）。

```
Status: 200 OK    Size: 32 Bytes    Time: 218 ms

Response   Headers 5   Cookies   Results   Docs      { }
  1  {
  2    "message": "ログイン成功"
  3  }
```

▲図4.10：Thunder Clientに表示されたレスポンス

次はメールアドレスを誤ったものにして「Send」ボタンを押してみます（図4.11）。

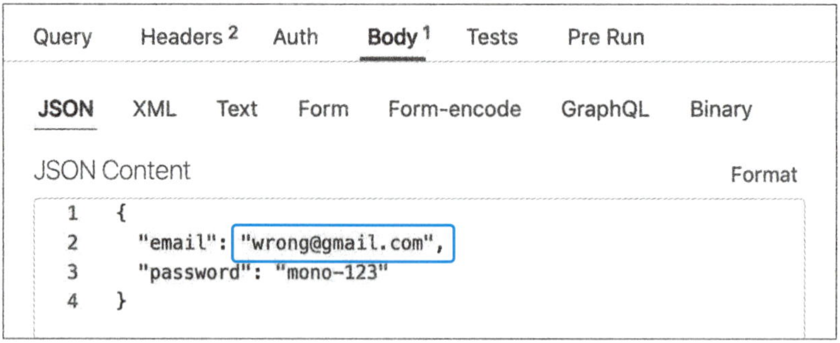

```
Query    Headers 2   Auth   Body 1   Tests   Pre Run

JSON   XML   Text   Form   Form-encode   GraphQL   Binary

JSON Content                                          Format
  1  {
  2    "email": "wrong@gmail.com",
  3    "password": "mono-123"
  4  }
```

▲図4.11：Thunder Clientに正しくないメールアドレスを入力

このメールアドレスを持ったユーザーはデータベースに存在していないので、「ログイン失敗：ユーザー登録をしてください」と表示されます（図4.12）。

```
Status: 200 OK    Size: 74 Bytes    Time: 189 ms

Response    Headers 5    Cookies    Results    Docs         { }   ≡
1  {
2      "message": "ログイン失敗：ユーザー登録をしてください"
3  }
```

▲図4.12：Thunder Clientに表示されたレスポンス

　次は正しいメールアドレスと、正しくないパスワードの組み合わせです。図4.13のように、登録してある正しいメールアドレスと、誤ったパスワードを入力して「Send」ボタンを押します。

```
Query    Headers 2    Auth    Body 1    Tests    Pre Run

JSON    XML    Text    Form    Form-encode    GraphQL    Binary

JSON Content                                              Format
1  {
2      "email": "dummy@gmail.com",
3      "password": "tein-789"
4  }
```

▲図4.13：Thunder Clientに正しくないパスワードを入力

　「ログイン失敗：パスワードが間違っています」と表示されます（図4.14）。

```
Status: 200 OK    Size: 74 Bytes    Time: 150 ms

Response    Headers 5    Cookies    Results    Docs         { }   ≡
1  {
2      "message": "ログイン失敗：パスワードが間違っています"
3  }
```

▲図4.14：Thunder Clientに表示されたレスポンス

　これでログインのコードが意図通りに動いているとわかりました。

03 ログイン状態の維持

JSON Web Tokenを使ったログイン機能を開発します。

　ここまででユーザー登録とログインの機能が完成しました。しかし現在のところ、ログインをしていても、していなくても何も変わりはありません。ログインしているユーザーでないとできないはずのアイテムの作成、修正、削除が、誰にでもできてしまいます。

　本章ではこれ以降、ログインしていないユーザーの機能を制限する仕組みと、その下準備としてのログイン状態を維持する機能を作っていきます。

　まずログイン状態の維持です。ログイン機能のあるウェブサービスを使っている場面を考えてみましょう。一度ログインをすれば、その後は30分、1時間、24時間、1週間など、一定の期間は再ログインをする必要がありません。つまり「ログイン状態が維持されている」ということですが、これはどのような仕組みで実現されているのでしょうか。

　ログイン状態を維持する仕組みで一般的に使われるのは、セッション方式とトークン方式です。今回はトークン方式を使っていくので、この方式ではどのようにログイン状態を維持するのかをまず説明しましょう。図4.15を見てください。

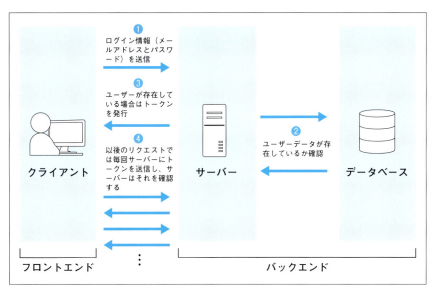

▲図4.15：ログイン状態維持の仕組み

図4.15の❸のように、初回ログイン時にサーバーがクライアント（フロントエンド）に対してトークンを発行します。そのトークンを以後のリクエストで毎回サーバーへと送信し、サーバーはそれを毎回チェックすることで、ログイン状態は維持されるのです。

このトークンには有効期限を設定できるので、サーバーがチェックした時にその期限を過ぎている場合にはログインが失敗し、ユーザーは再ログインをする必要があります。

ここまで「トークン」という言葉が何度か出てきましたが、イメージしづらいと思うので実物を示します。リスト4.19のようなものがトークンです。

▼リスト4.19：トークンの例

```
eyJhbGciOiJIUzI1NiIsII6IkpXVCJ9.eyJlbWFpbCI6Im1vbm90ZWluIiwicGFzc3dvcmQiOi
5vdGVpbkBnbWFpbC5jb20iLCJpYXQiOxMjYsImV4cCI6MTY1MDI0NzcyNn0.dWp-Vu44p82lhS
6fwy_J2Gz1pcDDpGmO-uYxCsg
```

見ての通り、「トークン」とはこのように文字と数字がランダムに並んだ文字

列のことです。後ほど確認しますが、この中にはさまざまなデータを含ませることができ、有効期限などの情報も入っています。

トークン方式のログインで広く使われているものがJSON Web Token（JWT）で、本アプリでもこれを使っていきます（Next.jsでログイン機能を実装する時にはNextAuthというパッケージがよく使われますが、本書ではビギナーの理解を深めるため、ベーシックなログイン機能を自分の手で作っていきます）。

最初にJSON Web Tokenのパッケージをインストールしましょう。[Control]キーを押しながら［C］キーでNext.jsを停止させます。そしてターミナルに次のコマンドを入力して、[Enter]キーで実行してください。

```
% npm install jose
```

トークンの発行はログイン機能のある場所で行うので、インストールが完了したら、**/user/login/route.js**にリスト4.20のコードを加えます。

▼リスト4.20：app/api/user/login/route.js
```javascript
import { NextResponse } from "next/server"
import { SignJWT } from "jose"              // 追加
import connectDB from "../../../utils/database"
import { UserModel } from "../../../utils/schemaModels"

export async function POST(request){
    ...
```

joseは、トークンを発行するSignJWT()と、ログイン後のリクエスト時にトークンの有効性を検証するjwtVerify()をセットで使います。まずSignJWT()から書いていきましょう。

SignJWT()でトークンを発行する時には、トークンのアルゴリズムの種類や有効期限、ペイロード、シークレットキーなどの設定を行います。

「ペイロード（payload）」とはトークンが含んでいるデータのことで、一般的にはユーザー名やメールアドレスになります。「シークレットキー」は、発行されたトークンの安全性を高めるためのものです。トークンだけを持っていてもトークンは有効とされず、「シークレットキー」と組み合わせることで初めて有効と判定されます。

　まずはリスト4.21のように、シークレットキー生成のコードを書き加えましょう。new TextEncoder().encode()とはJavaScriptのコードで、文字列をエンコード（他の形式に変換すること）する働きがあるので、next-market-app-bookという文字列をトークン発行に使うシークレットキーの形式に変換しています。

▼リスト4.21：app/api/user/login/route.js

```javascript
...

if(savedUserData){
    // ユーザーデータが存在する場合の処理
    if(reqBody.password === savedUserData.password){
        // パスワードが正しい場合の処理
        
        const secretKey = new TextEncoder().encode("next-market-app-book")
        // ↑追加
        
        return NextResponse.json({message: "ログイン成功"})
    }else{
        ...
```

　次はトークンに含ませるデータ（ペイロード）です。今回はメールアドレスをペイロードに入れます。ログイン画面で入力されたデータはreqBodyに入っているので、リスト4.22のようになります。

▼リスト4.22：app/api/user/login/route.js

```javascript
...

if(savedUserData){
    // ユーザーデータが存在する場合の処理
    if(reqBody.password === savedUserData.password){
```

```javascript
    // パスワードが正しい場合の処理
    const secretKey = new TextEncoder().encode("next-market-app-book")

    // ↓追加
    const payload = {
        email: reqBody.email
    }
    // ↑追加

    return NextResponse.json({message: "ログイン成功"})
}else{
    ...
```

シークレットキーとペイロードが準備できたので、トークンを発行するコードを加えます (リスト4.23)。

▼リスト4.23：app/api/user/login/route.js

```javascript
    ...
    const secretKey = new TextEncoder().encode("next-market-app-book")

    const payload = {
        email: reqBody.email
    }

    // ↓追加
    const token = await new SignJWT(payload)
                        .setProtectedHeader({alg: "HS256"})
                        .setExpirationTime("1d")
                        .sign(secretKey)
    // ↑追加

    return NextResponse.json({message: "ログイン成功"})
}else{
    ...
```

ここでは最初に、発行されたトークンを格納する token を用意しています。その右の SignJWT の後には、まずペイロードがあり、次にアルゴリズムとして HS256 を指定し、有効期限は 1d、つまり「1 day ／ 1 日」としています。ここ

は、5m（5 minute／5分間）や2h（2 hours／2時間）などの設定も可能です。最後にはシークレットキーを書いています。

　これでトークンが発行できるか確認しましょう。ターミナルとThunder Clientの両方で確認してみます。リスト4.24のコードを書き加えてください。

▼リスト4.24：app/api/user/login/route.js

```javascript
...
    const token = await new SignJWT(payload)
                            .setProtectedHeader({alg: "HS256"})
                            .setExpirationTime("1d")
                            .sign(secretKey)
    console.log(token)                          // 追加
    return NextResponse.json({message: "ログイン成功", token: token})  // 追加
}else{
    ...
```

　保存します。`npm run dev`でNext.jsを起動させたら、Thunder Clientを開きましょう。「JSON」タブにはデータベースに保存してある正しいログイン情報を入力し、「Send」ボタンを押します。ログインが成功すると、Thunder Client（図4.16）とターミナル（図4.17）にトークンが表示されます。

```
Status: 200 OK   Size: 167 Bytes   Time: 153 ms

Response   Headers 5   Cookies   Results   Docs        { }   ≡
1  {
2      "message": "ログイン成功",
3      "token": "eyJhbGciOiJIUzI1NiJ9
           .eyJlbWFpbCI6ImR1bW15QGdtYWlsLmNvbSIsImV4cCI6MTY5OTYxMjExOH0
           .S7pTZF4LN2PMWk6Nt7-aMpfUAGJ0uC4oENKDqweX8Rw"
4  }
```

▲図4.16：Thunder Clientに表示されたトークン

```
○ Success: Connected to MongoDB
 eyJhbGciOiJIUzI1NiJ9.eyJlbWFpbCI6ImR1bW15QGdtYWlsLmNvbSIsImV4cCI6MTY5O
 TYxMjE0N30.roY29iGpzUWaThr9kAQv7eymQUGazvE_uB7u90jCSvI
```

▲図4.17：ターミナルに表示されたトークン

このトークンの中に、ペイロードとして保存したメールアドレスが入っているか確認してみましょう。下記JSON Web Tokenのウェブサイトを開いてください。

URL https://jwt.io

下にスクロールし、「Encoded」の下部にターミナル、もしくはThunder Clientに表示されているトークンをコピーして貼り付けます（図4.18）。ダミーのトークンが表示されている場合は、それを消してから貼り付けてください。そうすると右側の「PAYLOAD」に、このトークンに含まれているデータが表示されます。

▲図4.18：jwt.ioで表示させたペイロードのデータ

/api/user/login/route.jsに戻ります。現時点ではフロントエンド部分がないためわかりづらいですが、ログインが成功した場合には、発行されたトークン、つまりtokenがフロントエンド側に送られます。そうやって送られたトークンを保存するのが、ブラウザ内にある小さなデータ保存スペースLocal Storage（ローカルストレージ）です。そして以後のリクエストでは、Local Storageからトークンを取り出してリクエストに含ませます。それをバックエンド側で毎回チェックし、そのユーザーのログイン状態を確認するのです。

ここでLocal Storageを確認してみましょう。ブラウザでデベロッパーツールを開き、上部タブの「Application」をクリックします（図4.19）。

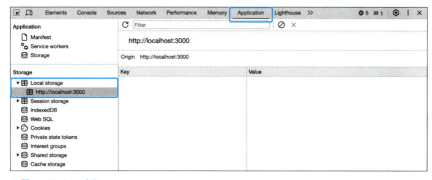

▲図4.19：Local Storage

　左の「Local storage」をクリックして表示されるものが、今開いているサイト（ここでは URL `http://localhost:3000`）のLocal Storageです。ここにはデータを保存できるので、フロントエンド開発を行う第7章で、バックエンドから送られてきたトークンをLocal storageに保存し、そしてリクエストに付帯させる方法を解説します。

04 ユーザーのログイン状態を判定する機能

> Next.jsのmiddleware.jsを使って、ログイン状態を判定しましょう。

　私たちが今開発しているアプリでは、誰でもアイテムを見ることができます。つまり「アイテムをすべて読み取る」と「アイテムをひとつ読み取る」の操作は誰でも可能です。しかしアイテムの「作成」「修正」「削除」は、ログインしているユーザーだけが行えるようにする必要があります。さらにログインをしていても、「修正」と「削除」を行えるのはその人が「作成」したアイテムだけにしなければ、他の人のアイテムを勝手に操作できてしまうことになります。

　本章の最後に、ユーザーがログインしているかどうかを判定する機能、そして自分の作ったアイテムだけを操作できるよう制限する機能を作っていきます。

　まずログイン状態を判定する機能ですが、これはアプリ内の複数の場所で必要になる仕組みになります。このようなケースでは、Next.jsが用意しているミドルウェアという仕組みを使うと便利です。まずファイルを作りましょう。

　`app`フォルダと同じ階層に`middleware.js`ファイルを作ってください（図4.20）。

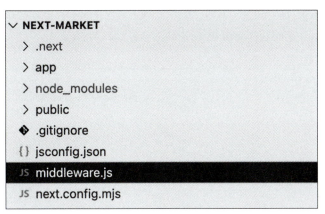

▲図4.20：middleware.jsファイル

　Next.jsでは、フォルダの一番上の階層（本アプリではappフォルダと同じ階層）に`middleware.js`という名前のファイルを作ると、そのファイルはアプリ全体に対して機能するようになります。以下、もう少し細かく解説しましょう。

　本アプリでは現在のところ、フロントエンド（あるいはThunder Client）と、バックエンドにあるアイテムの各機能は、図4.21のように直接のやりとり（RequestとResponse）を行っています。

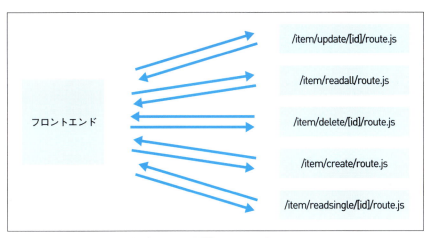

▲図4.21：フロントエンドとバックエンド間のRequestとResponse

ここに`middleware.js`を用意すると、図4.22のようにすべてのやりとり
（RequestとResponse）が`middleware.js`を経由するようになります。

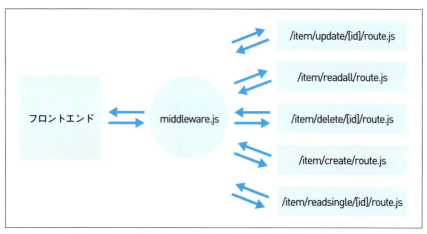

▲図4.22：middleware.jsを挟んだ、フロントエンドとバックエンド間のRequestと
Response

　ユーザーのログイン状態を判定するコードを`middleware.js`に書けば、効
率よく開発を進められそうです。最初に、`middleware.js`が実際に機能して
いるかを確かめてみましょう。リスト4.25のコードを書いてください。

▼リスト4.25：middleware.js

```javascript
import { NextResponse } from "next/server"

export async function middleware(){
    return NextResponse.next()
}
```

　ここまで何度も書いてきたひな形コードとの違いは、GETやPOSTが
`middleware`となっていること、そして`NextResponse`の後ろが`json()`で
はなく`next()`となっていることです。`next()`とは、「このファイルでの処理
が問題なく完了しました」ということを告げるコードになります。保存して、
アイテムをすべて読み取る下記URLをブラウザで開いてみましょう。

> URL http://localhost:3000/api/item/readall

　データベースに保存してあるアイテムがブラウザに表示されます。しかし、middleware.jsが本当に動いているかはわかりません。なので、リスト4.26のコードを書き加えましょう。これにより、middleware.jsが動いていればターミナルには「ミドルウェア」と表示されるはずです。

▼リスト4.26：middleware.js

```javascript
import { NextResponse } from "next/server"

export async function middleware(){
    console.log("ミドルウェア")      // 追加
    return NextResponse.next()
}
```

　変更を保存したら、すべてのアイテムを読み取る上記のURLをブラウザで再び開き、そしてターミナルを確認します（図4.23）。

```
Success: Connected to MongoDB
ミドルウェア
```

▲図4.23：ターミナルの表示

　これでmiddleware.jsが動いていると確認できました。他のURLにThunder ClientからPOSTリクエストなどを送ってみても、middleware.jsが動いているのを確認できます。

　次に考えたいのは、このmiddleware.jsが適用されるべきファイルです。middleware.jsはデフォルトでappフォルダ内のすべてのファイルに適用されますが、middleware.jsに書く「ユーザーのログイン状態を判定する機能」は、「すべてのアイテムデータを読み取る」や「ひとつだけアイテムデータを読み取る」に適用される必要はありません。これらはログイン状態に関わらず、どのユーザーでも使える機能だからです。middleware.jsファイルの適用範囲を制限するリスト4.27のコードを書き加えましょう。

▼リスト4.27：middleware.js

```javascript
import { NextResponse } from "next/server"

export async function middleware(){
    console.log("ミドルウェア")
    return NextResponse.next()
}

// ↓追加
export const config = {
    matcher: [],
}
// ↑追加
```

この[]内に、適用したいファイルを書き込みます。ログインしているユーザーだけが使えるようにしたい機能は、アイテムの「作成」「編集」「削除」の3つです。なのでリスト4.28のように書き込みます。

▼リスト4.28：middleware.js

```javascript
import { NextResponse } from "next/server"

export async function middleware(){
    console.log("ミドルウェア")
    return NextResponse.next()
}

export const config = {
                // ↓追加
    matcher: ["/api/item/create", "/api/item/update/:path*", "/api/item/delete/:path*"],
}
```

1つ目の`/api/item/create`は見た通りですが、`/update`と`/delete`の末尾にある`:path*`とは何でしょうか。これは該当フォルダに含まれるすべてのフォルダとファイルに適用したい時に使う特別な記法で、これによって、`/api/item/update`と`/api/item/delete`の内部の`[id]`フォルダとその中の`route.js`に、この`middleware.js`が適用されることになります。

今加えた適用範囲の制限を図にしたものが図4.24です。

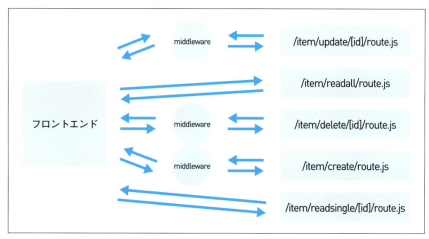

▲図4.24：適用範囲制限の図

　実際に試してみましょう。加えた変更を保存したら、すべてのアイテムを読み取る下記URLをブラウザで再び開きましょう。

　🔗 http://localhost:3000/api/item/readall

　そしてターミナルを確認すると、今度は「ミドルウェア」とは表示されておらず、`middleware.js`が`/api/item/readall`に対しては動いていないのがわかります。

　以上、`middleware.js`の働きと適用範囲の制限方法がわかったので、ここからはユーザーのログイン状態を判定するコードを書いていきますが、その前に「ログイン状態を判定する」とはどのようなプロセスであるのかを説明します。

　図4.15で示した通り、アクセスのたびにフロントエンドからバックエンドにトークンが渡されます。つまりログインの仕組みにおいては、トークンが大きな役割を果たしているのです。このトークンが有効なものか、有効期限が切れていないか、あるいはそもそもトークンが存在しているかどうかを調べることが、「ログイン状態を判定する」方法になります。

最初にすべきことは、フロントエンドからのリクエストにトークンが含まれているか調べることです。フロントエンドからトークンを受け取るリスト4.29のコードを書きましょう。`console.log()`は不要なので消しておきます。

▼リスト4.29：middleware.js

```javascript
import { NextResponse } from "next/server"

export async function middleware(request){      // 追加
    console.log("ミドルウェア")                    // 削除
    const token = await request.headers.get("Authorization")?.split(" ")[1]
    // ↑追加
    return NextResponse.next()
}

export const config = {
    ...
```

　フロントエンドがリクエストを送る際、まずLocal Storageからトークンを取り出し、次にHTTP headersというところに格納し、`request`としてバックエンドに送ります。この部分は現在フロントエンドがないためわかりづらいですが、フロントエンド開発時に確認するので、今は上記のコードでトークンを取得できると考えておいてください。

　`token`には取得したトークンを格納しています。`await`は、トークンの取得を済ませてから次の処理へと進むためです。

　次に「トークンがない場合」の処理を書きます。！とは「Not」を意味するので、`!token`とは「Not token」、つまり「tokenがない」ことになり、その場合は`NextResponse`を使って「トークンがありません」というレスポンスのメッセージを返します（リスト4.30）。

▼リスト4.30：middleware.js

```javascript
import { NextResponse } from "next/server"

export async function middleware(request){
    const token = await request.headers.get("Authorization")?.split(" ")[1]
```

```javascript
    // ↓追加
    if(!token){
        return NextResponse.json({message: "トークンがありません"})
    }
    // ↑追加

    return NextResponse.next()
}

export const config = {
    ...
```

続いて「トークンがある場合」の処理を書きます。トークンがあった場合にすることは、そのトークンの有効性の判定です。有効でない場合の処理も書く必要があるので、try catch を使います（リスト4.31）。

▼リスト4.31：middleware.js

```javascript
import { NextResponse } from "next/server"

export async function middleware(request){
    const token = await request.headers.get("Authorization")?.split(" ")[1]

    if(!token){
        return NextResponse.json({message: "トークンがありません"})
    }

    // ↓追加
    try{
        return NextResponse.next()
    }catch{
        return NextResponse.json({message: "トークンが正しくないので、ログインしてください"})
    }
    // ↑追加
}

export const config = {
    ...
```

ここにはトークンがあった場合の処理として、トークンを判定するコードを書きます。トークンの判定にはjoseのjwtVerify()、さらにシークレットキーが必要なので追加しましょう。シークレットキーのコードは/api/user/login/route.jsで使ったものと同じなので、コピーしてここに貼り付けてください（リスト4.32）。

▼リスト4.32：middleware.js

```javascript
import { NextResponse } from "next/server"
import { jwtVerify } from "jose"          // 追加

export async function middleware(request){
    const token = await request.headers.get("Authorization")?.split(" ")[1]

    if(!token){
        return NextResponse.json({message: "トークンがありません"})
    }

    try{
        // ↓追加
        const secretKey = new TextEncoder().encode("next-market-app-book")
        jwtVerify(token, secretKey)
        // ↑追加
        return NextResponse.next()
    }catch{
        return NextResponse.json({message: "トークンが正しくないので、ログインしてください"})
    }
}

export const config = {
        ...
```

　リスト4.33のコードも追加します。

▼リスト4.33：middleware.js

```javascript
...

    try{
        const secretKey = new TextEncoder().encode("next-market-app-book")
        const decodedJwt = await jwtVerify(token, secretKey)          // 追加
```

```
        return NextResponse.next()
    }catch{
        return NextResponse.json({message: "トークンが正しくないので、ログインし⏎
てください"})
    }

...
```

　これによって、トークンが正しい場合は解析されたトークン内のデータが`decodedJwt`に格納されますが、不正なトークンであったり、有効期限が切れている場合はエラーが発生します。そのケースでは処理が次へ進まずに`catch`へと行き、「トークンが正しくないので、ログインしてください」というメッセージが返されます。またここでは解析処理が終わってから次に進みたいので、`await`を忘れないようにしましょう。これでトークンが判定されるのか確認します。`console.log()`を書き加えてください（リスト4.34）。

▼リスト4.34：middleware.js

```javascript
...
    try{
        const secretKey = new TextEncoder().encode("next-market-app-book")
        const decodedJwt = await jwtVerify(token, secretKey)
        console.log("decodedJwt:", decodedJwt)      // 追加
        return NextResponse.next()
    }catch{
        return NextResponse.json({message: "トークンが正しくないので、ログインし⏎
てください"})
    }

...
```

　確認には有効なトークンが必要なので、ここではリスト4.35のように、`const token`右側のHTTP headersから取得するコードはコメントアウトし、先ほどのトークンを書きます（生成したトークンの有効期限が切れていたり、消してしまったりしている場合は、Thunder Clientを使ってログインをし、新しいトークンを取得してください）。

▼リスト4.35：middleware.js

```javascript
import { NextResponse } from "next/server"
import { jwtVerify } from "jose"

export async function middleware(request){
    const token = "eyJhbGciOiJIUzI1NiJ9.eyJlbWFpbCI6ImR1bW15QGdtYWlsLmNvbSIsImV4cCI6MTY5OTYxNzIyMH0.RqNPrltm01BBn5cm-6MpO2rwUNnvwwK9YSPeWmUtW-Y"
    // ↑トークンを追加

    //await request.headers.get("Authorization")?.split(" ")[1]
    // ↑コメントアウト
    if(!token){
        return NextResponse.json({message: "トークンがありません"})
    }
    ...
```

　ここまで加えた変更を保存したら、実際にこのコードが意図通りに動くか確認しましょう。`middleware.js`が適用される`/api/item/create/route.js`、つまり「アイテムの作成」機能で試してみます。Thunder Clientを開き、HTTPメソッドとURL、JSON欄を図4.25のようにしてください。

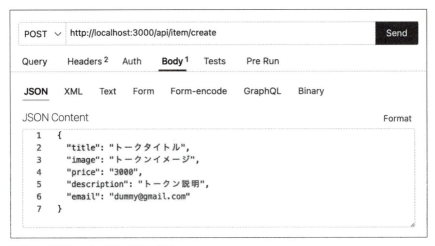

▲図4.25：Thunder Clientに入力後

「Send」ボタンを押してください。「アイテム作成成功」のメッセージの後にターミナルを見ると、図4.26のように表示されています。

```
decodedJwt: {
  payload: { email: 'dummy@gmail.com', exp: 1699617220 },
  protectedHeader: { alg: 'HS256' }
}
Success: Connected to MongoDB
```

▲図4.26：ターミナルの表示

これでdecodedJwtには、ペイロードとして格納したログインユーザーのメールアドレスなどの情報が入っており、トークン解析処理のコードが正しく動いているとわかりました。確認ができたので、リスト4.36のコードは消しておきましょう。

▼リスト4.36：middleware.js

```javascript
console.log("decodedJwt:", decodedJwt)    // 削除
```

これでユーザーがログインしているかどうか、そしてトークンが正しいかどうかを調べるログイン状態判定の仕組みが完成です。

05 誰がログインしているかを判定する機能

> メールアドレスを使えば、誰がログインしているのかがわかります。

ここまででログイン状態は判定できるようになりました。しかし現時点では、ログインしているユーザーは他の人のアイテムでも「修正」と「削除」ができてしまう状態です。そのためここからは、誰がログインしているのかを判定し、アイテムを作成した人以外は修正と削除を行えないようにする制限を加えます。

作業を始める前に、ひとつ思い出してもらいたいことがあります。アイテムとして作成するデータの形と種類を定めた`ItemSchema`に、`email`が含まれていたことです。作成したアイテムには、アイテム作成者のメールアドレスも一緒に保存されるようになっているのです。

またこれはフロントエンド開発時に確認することですが、フロントエンド側でもトークンの解析処理を行います。先ほど見たように、解析したトークン（`decodedJwt`）にはログインユーザーのメールアドレスが含まれているので、それをフロントエンドから「編集」や「削除」のリクエストをする時、一緒に送るという仕組みです。

つまりバックエンド側では、アイテムの「修正」と「削除」のリクエストがあった時、その処理を実行する前に、「データベースに保存されたアイテムデータにある`email`」と、「フロントエンドから送られてきたリクエストに含まれているログインユーザーの`email`」とを比較し、それが同じである場合にだけ処理を許可するといったプロセスを実現できそうです。言葉の説明だけではわ

かりづらいので、コードで実際に確認していきましょう。

まずは編集を行う/api/item/update/[id]/route.jsから作業を進めます。リスト4.37のコードを書き加えてください。

▼リスト4.37：app/api/item/update/[id]/route.js

```javascript
...

export async function PUT(request, context){
    const reqBody = await request.json()
    try{
        await connectDB()
        const singleItem = await ItemModel.findById(context.params.id)
        // ↑追加
        await ItemModel.updateOne({_id: context.params.id}, reqBody)
        return NextResponse.json({message: "アイテム編集成功"})
    }catch{
        ...
```

アイテムの編集処理を行う前に、まず該当のアイテムデータを`findById()`で取得し`singleItem`に格納します。そして、`singleItem`に入っている`email`と、フロントエンド側からのリクエストである`reqBody`に入っている`email`とを比較し、その2つが同じ場合にだけ「修正」処理を実行するようにしましょう。リスト4.38のようにコードを変更してください。

▼リスト4.38：app/api/item/update/[id]/route.js

```javascript
...

export async function PUT(request, context){
    const reqBody = await request.json()
    try{
        await connectDB()
        const singleItem = await ItemModel.findById(context.params.id)
        // ↓変更
        if(singleItem.email === reqBody.email){
            await ItemModel.updateOne({_id: context.params.id}, reqBody)
            return NextResponse.json({message: "アイテム編集成功"})
        }else{
```

```
            return NextResponse.json({message: "他の人が作成したアイテムです"})
        }
        // ↑変更
    }catch{
        return NextResponse.json({message: "アイテム編集失敗"})
    }
}
```

　これにより、アイテム作成者と同じメールアドレスの含まれたトークンを持っている人だけが、アイテムの「修正」処理を行えるようになります。

　「削除」を行う/api/item/delete/[id]/route.jsも、流れはまったく同じです。リスト4.39のようにコードを修正します。try上部の、requestを解析してreqBodyに収めるコードを忘れないようにしましょう。

▼リスト4.39：app/api/item/delete/[id]/route.js

```javascript
import { NextResponse } from "next/server"
import connectDB from "../../../../utils/database"
import { ItemModel } from "../../../../utils/schemaModels"

export async function DELETE(request, context){
    const reqBody = await request.json()
    try{
        await connectDB()
        const singleItem = await ItemModel.findById(context.params.id)
        if(singleItem.email === reqBody.email){
            await ItemModel.deleteOne({_id: context.params.id})
            return NextResponse.json({message: "アイテム削除成功"})
        }else{
            return NextResponse.json({message: "他の人が作成したアイテムです"})
        }
    }catch{
        return NextResponse.json({message: "アイテム削除失敗"})
    }
}
```

　以上でバックエンド機能がすべて完成です。次章ではこのバックエンドをデプロイして公開します。

ここまでのコードは下記URLにあるので、参考にしてください。

URL https://github.com/mod728/nextjs-book-fullstack-app-folder-v2/tree/chapter4

> **コラム**
>
> **Next.jsと競合たち**
>
> 数年前までNext.jsと人気を二分していたのがGatsbyです。GatsbyもReactをベースにしたフレームワークで、小〜中規模のウェブサイトや、そこまで複雑な機能がないウェブアプリケーションの制作に最適なツールです。Gatsbyの最大の特徴は、高速でページが移動するパフォーマンス性の高さで、そのスピードは驚くべきものでした。しかし流行り廃りの激しいフロントエンドにあっては、Gatsbyの人気にもかげりが見え始め、今やNext.jsとの距離は埋められないほど大きくなっています。
>
> 近年ではRemixなどの比較的新しいReactフレームワークも人気です。Next.jsは最古参といってもいいほど「古い」Reactフレームワークですが、新しい機能を積極的に取り込んでは進化を重ね、世界中で利用者を増やし続けています。

Chapter5
バックエンドの
デプロイ

前章までで完成したバックエンドをVercelで公開します。Next.jsの開発を行っているのがこのVercelなので、Next.jsアプリとは親和性が高く、スムーズな連携が可能です。Vercel利用の前に、GitHubやGitLabにコードをプッシュしておきましょう。

01 デプロイの手順（Vercel）

Gitでコードをプッシュ後にVercelからデプロイ作業を行い、バックエンドをオンラインで公開しましょう。

デプロイの前にコードをひとつ書き加えておきます。パフォーマンス向上のため、Next.jsではリクエストごとにデータを取得しないのがデフォルトですが、それだとデータの更新がされない、あるいは遅れる場合があるので、データ取得を毎回行うようにしましょう。`/app/api/item/readall/route.js`にリスト5.1のコードを書き加えてください。

▼リスト5.1：app/api/item/readall/route.js

```javascript
  ...
  }catch{
      return NextResponse.json({message: "アイテム読み取り失敗（オール）"})
    }
}

export const revalidate = 0    // 追加
```

デプロイ作業を始めましょう。Gitを使っていない人は、まずGitをダウンロードしてください。そしてGitHubかGitLabでアカウントを作り、これまで開発してきたコードをプッシュしましょう。本書では以下GitHubを使って説明を進めます。

下記URLからVercelにアクセスしてください（Vercelのサイトデザインは頻繁に変わるので、適宜読み替えて進めてください）。

URL https://vercel.com

右上の「Log In」ボタンを押します（図5.1）。

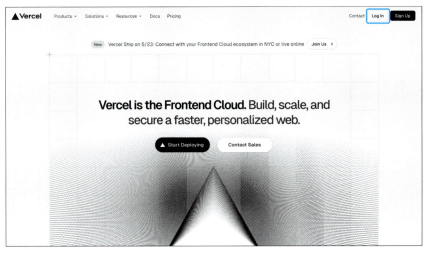

▲図5.1：Vercelトップページ

GitHubを選ぶので「Continue with GitHub」ボタンを押します（図5.2）。

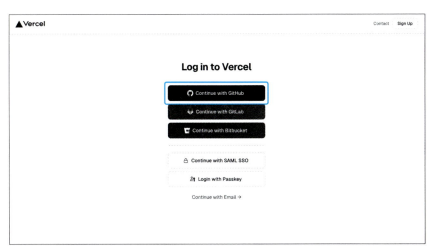

▲図5.2：GitHubを選択

　GitHubを使ってVercelにログインをするポップアップが出るので、GitHubのログイン情報を入力して先に進みます。ダッシュボードのページが開くの

で、右上の「Add New...」ボタンから「Project」を選びます（図5.3）。

　GitHubからimportするレポジトリを選びます。「Import Git Repository」下の検索窓の右端にある下向き矢印をクリックして、「Add GitHub Account」を選びましょう（図5.4）。

▲図5.3：「Project」を選択

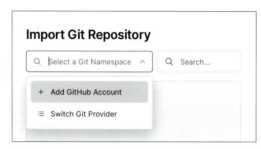

▲図5.4：「Add GitHub Account」を選択

ここでGitHubのパスワードの入力を求められることがあります（図5.5）。

▲図5.5：GitHubのパスワード入力

　次に、すべてのレポジトリ（All repositories）を読み込むか、特定のレポジトリだけ（Only select repositories）を読み込むかを設定し、「Install」ボタンを押します。どちらを選んでも構いませんが、今回はすべてのレポジトリ（All repositories）を読み込むを選びます（図5.6）。

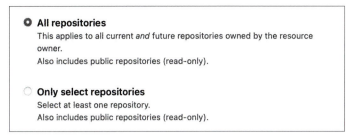

▲図5.6：「All repositories」を選択

　ダッシュボード画面にレポジトリが読み込まれているので、ここでプッシュしたレポジトリを探し、「Import」を押します（図5.7）。

▲図5.7：「Import」を選択

　デプロイの設定をする画面が出ます。特別な設定は必要ないので、下にスクロールして「Deploy」ボタンを押しましょう（図5.8）。

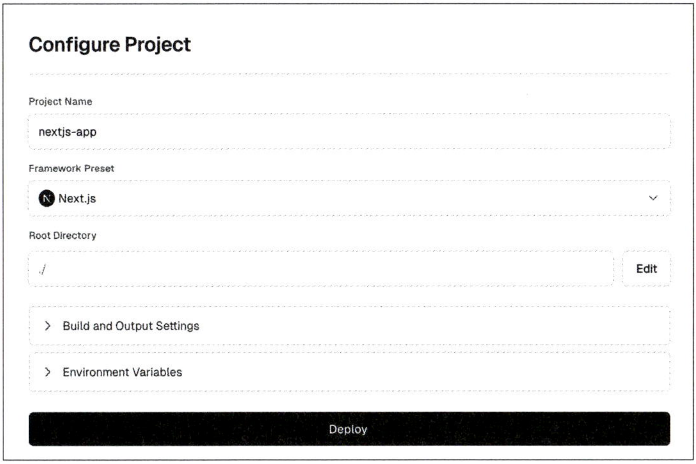

▲図5.8：「Deploy」ボタンを押下

デプロイは1分ほどあれば完了します。これでNext.jsのバックエンド開発とデプロイまでが完了です。次章からはフロントエンド開発を始めていきましょう。

ここまでのコードは下記URLにあるので、参考にしてください。

URL https://github.com/mod728/nextjs-book-fullstack-app-folder-v2/tree/chapter5

コラム

APIとServer Actions、どっちを使う？

Next.jsバージョン14から安定版となった新機能「Server Actions」を使えば、データベースに対して直接CRUD操作ができます。ここで湧いてくる疑問は、API（Next.jsではRoute Handlersと呼称。本書でここまで開発してきたものです）とServer Actionsの使い分けです。Server Actionsを使えば、バックエンドのAPIを開発する必要性がなくなるからです。

実際のところ、この2つは競合するものでも、どちらかひとつだけしか選べないものでもなく、2つを同時に使うこともできます。アプリケーションに応じて最適なものを選ぶことが大切です。表5.1は比較になります。

▼表5.1：APIとServer Actionsの比較

	API（Route Handlers）	Server Actions
特徴	汎用的	限定的
用途	データベースとの複雑な連携操作があるケース	シンプルなCRUD操作が主のケース
メリット	APIを、他のアプリケーションやモバイルアプリも利用可	コードの記述量を抑え、短時間でコンパクトに開発可
デメリット	コードの記述量や開発工程が増える	Next.jsでしか利用できない

Chapter6

フロントエンド開発の準備／ Reactの書き方／ サーバーコンポーネント

本章では最初に、フロントエンドで必要なアイテムデータをデータベースに保存します。その後、Reactの書き方の基礎とNext.jsのサーバーコンポーネントを紹介し、フロントエンド開発を進める準備をします。

01 アイテムデータの保存

フロントエンド開発で必要となるダミーデータをMongoDBに用意しましょう。最初にユーザー登録とログインを行い、次にデータを保存します。

ダミーのアイテムデータを6つ、MongoDBに保存しましょう。Next.js起動コマンドをターミナルに入力して、[Enter]キーで実行してください。

```
% npm run dev
```

次にThunder Clientを開き、HTTPメソッドとURLを図6.1のように設定します。

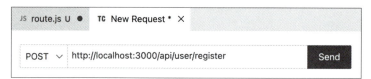

▲図6.1：Thunder Clientの設定画面

URL欄下部の「Body」から「JSON」を開き、リスト6.1のようにユーザーデータを用意します。name、passwordは好きなもので大丈夫ですが、emailに関しては、同一のメールアドレスを持つユーザーは登録できないようになっているので、前章までのバックエンド開発時に使っていたメールアドレスとは異なるものを使ってください。

▼リスト6.1：ユーザーデータ

```json
{
  "name": "monotein",
  "email": "dummy@gmail.com",
```

```
  "password": "mono-123"
}
```

図6.2のようになります。

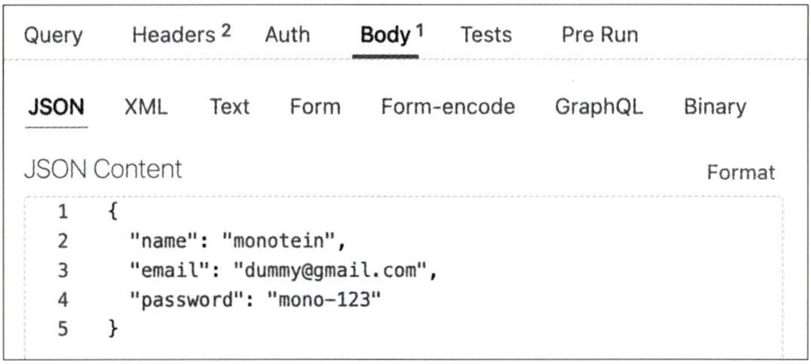

▲図6.2：Thunder Clientにユーザーデータを入力

「Send」ボタンを押してユーザー登録をします。次はログインをするので、URLを下記のものに変更してください。

URL http://localhost:3000/api/user/login

図6.3のようになります。

```
POST ∨  http://localhost:3000/api/user/login        Send
```
▲図6.3：Thunder ClientのURL入力欄

「Body」から「JSON」を開き、ログインデータを入力します。先ほどユーザー登録時に使ったものと同じemailとpasswordを入力してください（リスト6.2）。

▼リスト6.2：ログインデータ

```JSON
{
  "email": "dummy@gmail.com",
  "password": "mono-123"
}
```

図6.4のようになります。

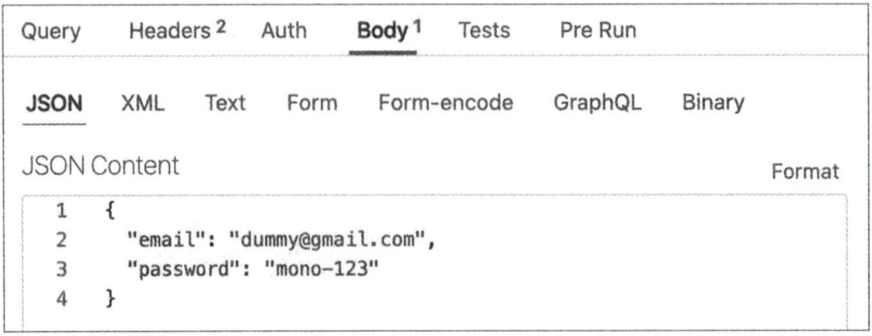

▲図6.4：Thunder Clientに入力したログインデータ

「Send」ボタンを押します。ログインが成功するとターミナルにトークンが出るので、コピーしてください。次に`middleware.js`を開き、`token`を今つくった最新のトークンで置き換えます（リスト6.3）。

▼リスト6.3：middleware.js

```javascript
import { NextResponse } from "next/server"
import { jwtVerify } from "jose"

export async function middleware(request){
                // ↓置き換え
    const token = "eyJhbGciOiJIUzI1NiJ9.eyJlbWFpbCI6ImR1bW15QGdtYWlsLmNvbSI
sImV4cCI6MTY5OTYxNzIyMH0.RqNPrltm01BBn5cm-6MpO2rwUNnvwwK9YSPeWmUtW-Y"

    //await request.headers.get("Authorization")?.split(" ")[1]

    if(!token){
        ...
```

保存します。次はアイテム作成を行うので、Thunder Clientに戻ってURLを下記のものに変えます。

URL http://localhost:3000/api/item/create

そして「Body」の「JSON」タブを、図6.5のように変更しましょう。

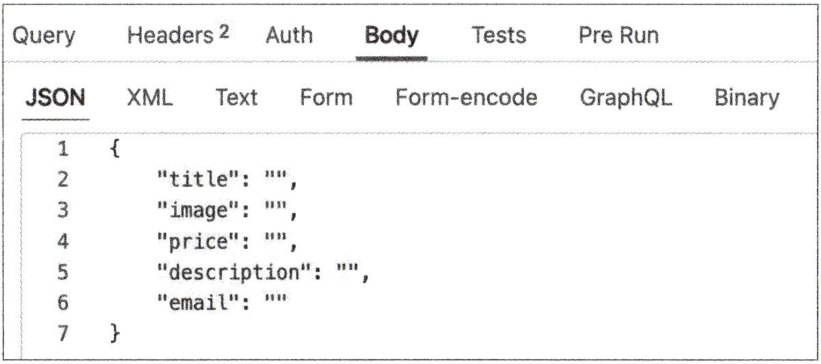
Query
Headers 2
Auth
Body
Tests
Pre Run
JSON
XML
Text
Form
Form-encode
GraphQL
Binary
1 {
2 "title": "",
3 "image": "",
4 "price": "",
5 "description": "",
6 "email": ""
7 }
▲図6.5：Thunder Clientの「JSON」タブ

そして下記リンクページ第6章「1つ目のアイテム」のリンク先のデータを入力しましょう。

URL https://monotein.com/books/nextjs-react-book/link-page

図6.6のようになります。ここで注意して欲しいのはemailで、この欄には先ほどのログイン時に使ったものを書いてください。違うメールアドレスを書くと、次章以降の開発時に問題が起きます。

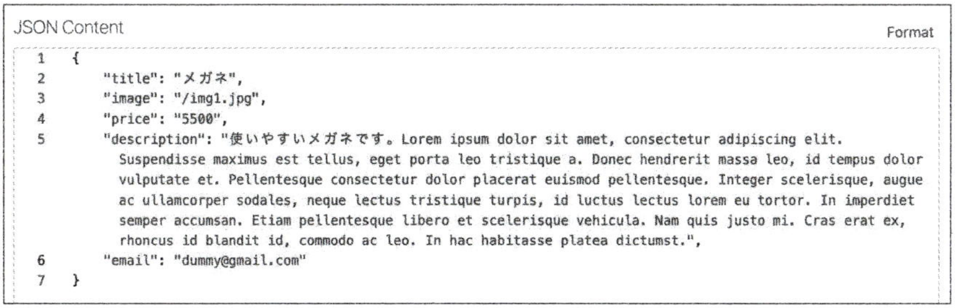
JSON Content
Format
1 {
2 "title": "メガネ",
3 "image": "/img1.jpg",
4 "price": "5500",
5 "description": "使いやすいメガネです。Lorem ipsum dolor sit amet, consectetur adipiscing elit. Suspendisse maximus est tellus, eget porta leo tristique a. Donec hendrerit massa leo, id tempus dolor vulputate et. Pellentesque consectetur dolor placerat euismod pellentesque. Integer scelerisque, augue ac ullamcorper sodales, neque lectus tristique turpis, id luctus lectus lorem eu tortor. In imperdiet semper accumsan. Etiam pellentesque libero et scelerisque vehicula. Nam quis justo mi. Cras erat ex, rhoncus id blandit id, commodo ac leo. In hac habitasse platea dictumst.",
6 "email": "dummy@gmail.com"
7 }
▲図6.6：Thunder Clientに入力したアイテムデータ

「Send」ボタンを押してMongoDBへ行き、リロード（再読み込み）すると、データが保存されています（図6.7）。

```
_id: ObjectId('65508f8979592cd14b76d2e5')
title: "メガネ"
image: "/img1.jpg"
price: "5500"
description: "使いやすいメガネです。Lorem ipsum dolor sit amet, consectetur adipiscing elit. Su…"
email: "dummy@gmail.com"
__v: 0
```

▲図6.7：MongoDBに保存されたデータ

　この作業をリンクページの第6章にある残りの「2〜6つ目のアイテム」で繰り返し、合計6個のアイテムデータをデータベースに保存してください。

　MongoDBの「items」内にあるのは、今保存した6個のデータだけにしておいてください。前章までに保存したデータが残っている場合は、すべて削除しましょう。データが6つだと、図6.8のように「QUERY RESULTS:1-6 OF 6」と表示されます。

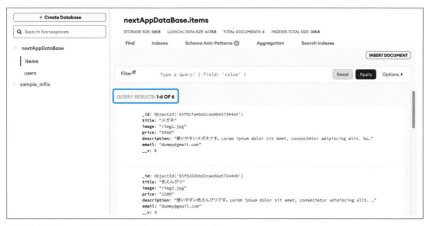

▲図6.8：MongoDBに保存された6つのデータ

　次は、フロントエンド開発で使う画像をダウンロードします。下記リンクページ第6章「画像」のリンクから画像をダウンロードして、`public`フォルダに入れてください（図6.9）。

　URL https://monotein.com/books/nextjs-react-book/link-page

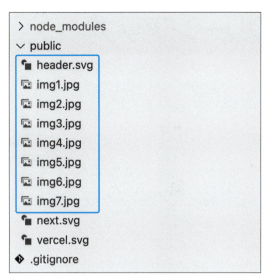

▲図6.9：publicフォルダに入れた8つの画像

　同じく下記リンクページ第6章「ファビコン」のリンクから favicon.ico をダウンロードして、appフォルダ内にインストール時からあったものと置き換えてください（図6.10）。

🔗 https://monotein.com/books/nextjs-react-book/link-page

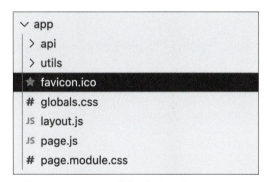

▲図6.10：appフォルダ内のfavicon.ico

　ファビコンとは、ブラウザのタブに表示される小さな画像のことです。Next.jsでは、appフォルダに入れたファビコン画像がアプリ全体で使われます。

02 コードのクリーンアップ

不要なコードを取り除きましょう。

　フロントエンド開発を始める前に、不要なファイルやコードを消していきましょう。まず、appフォルダの中にあるpage.module.cssをファイルごと削除してください。次はglobals.cssファイルを開き、中に書かれているコードをすべて消しましょう。globals.cssファイル自体は後で使うので、残しておいてください。

　appフォルダのpage.jsを開き、中のコードをすべて消します。このファイルも後で使うので、残しておいてください。不要なコードのクリーンアップができたので、次はReactコードの書き方を紹介します。

03 Reactの書き方とスタイルの適用方法

Reactの使い方の初歩を紹介します。Reactは意外に簡単に使えそうだとわかるでしょう。

appフォルダのpage.jsを開き、リスト6.4のコードを書いてください。

▼リスト6.4：app/page.js

```javascript
const ReadAllItems = () => {
    return (
        <div>
            <h1>こんにちは</h1>
        </div>
    )
}

export default ReadAllItems
```

　これがReactのもっともベーシックなコード、つまりひな形コードになります。ブラウザでどのように表示されるか確認しましょう。変更を保存します。Next.jsを停止させている場合は、次のコマンドをターミナルに入力して、［Enter］キーを押して起動させてください。

```
% npm run dev
```

ブラウザで下記URLを開くと、図6.11のように表示されます。

URL http://localhost:3000

▲図6.11：ブラウザの URL http://localhost:3000ページ　その1

/app/page.jsに戻り、リスト6.5のコードを書き加えてください。

▼リスト6.5：app/page.js

```javascript
const ReadAllItems = () => {
    return (
        <div>
            <h1>こんにちは</h1>
            <h3>さようなら</h3>     // 追加
        </div>
    )
}

export default ReadAllItems
```

保存してブラウザを開くと、図6.12のように表示されます。

▲図6.12：ブラウザの URL http://localhost:3000ページ　その2

このようにReactでは、return横のカッコ内にHTMLと同じ要領でコードが書けます。これはCSSのスタイルを適用する時も同じです。実際に確認して

みましょう。リスト6.6のコードを書き加えてください。

▼リスト6.6：app/page.js

```javascript
const ReadAllItems = () => {
    return (
        <div>
            <h1 className="h1-style">こんにちは</h1>    // 追加
            <h3>さようなら</h3>
        </div>
    )
}

export default ReadAllItems
```

HTMLではclassでしたが、ReactではclassNameと書きます。次にglobals.cssを開き、リスト6.7のコードを書きましょう。

▼リスト6.7：app/globals.css

```css
.h1-style{
    color: red;
    letter-spacing: 40px;
}
```

保存したらブラウザに行き、今加えたコードを確認してみます（図6.13）。

▲図6.13：ブラウザの URL http://localhost:3000ページ　その3

スタイルが適用されています。このようにReactでは、CSSもHTMLとほぼ同じ要領で使っていけるとわかりました。

ここで、この`globals.css`がどこで`/app/page.js`に読み込まれているのかと疑問に思った人がいるかもしれません。HTMLの場合は、`<head>`部分でリスト6.8のように読み込んでいました。

▼リスト6.8：HTMLのCSS読み込みコード

```html
<link rel="stylesheet" href="./globals.css">
```

しかし、Next.jsにはそのようなコードが見当たりません。appフォルダの`layout.js`を開いてください。ファイル上部で`globals.css`が読み込まれています。後ほど確認しますが、この`layout.js`は特別なファイルで、アプリ全体で適用したいCSSスタイルなどを書き込むファイルになります。

本書では使いませんが、ReactではHTMLと同じように、リスト6.9のようなインラインでCSSを書くこともできます。

▼リスト6.9：ReactのインラインCSSコード

```css
<h3 style={{marginTop: "50px"}}>さようなら</h3>
```

HTMLのインラインCSSでは`margin-top`や`background-color`のように書きますが、ReactのインラインCSSは`marginTop`、`backgroundColor`のように、ハイフン-を消し、その次の1文字目を大文字にします。インラインCSSの多用は、コードのメンテナンス性を下げるため推奨されませんが、その場限りの応急処置として使うケースがあります。

04 サーバーコンポーネント

Reactの新しいテクノロジー「サーバーコンポーネント」の働きやメリットについて確認しましょう。

　Next.jsバージョン13のAppフォルダ導入により、Next.jsにおけるReactにも大きな変更が加えられました。「Reactサーバーコンポーネント」と呼ばれるものが、Appフォルダ内でのReactコンポーネントのデフォルトとなったことです。

　Reactは通常ブラウザ、つまりクライアントサイドの技術として認識されているので、それがサーバーサイドで動くというのは奇妙に聞こえますが、Reactとその周辺技術の発展が進み、できることが増えてきているのです。

　Reactサーバーコンポーネントの強みは高いパフォーマンス性です。アプリケーションで使われている大量のJavaScriptを、ブラウザ（クライアント）ではなくパワフルなサーバ側で処理するので、アプリのサイズを小さく抑えられ、読み込み速度の低下を防ぐことができます。この点は本章の後半で確認しましょう。データ操作のコードを簡潔に書けることや、セキュリティ性の向上も大きなメリットとして挙げられます。

　その一方で、アプリ全体の設計がこれまでよりも複雑になったり、どれがサーバーコンポーネントであるかを意識する必要があるなど、開発者が対応すべき新しい問題や課題も出てきています。本書執筆時点では、サーバーコンポーネントを全面採用したAppフォルダの安定版リリースから1年も経っておらず、アプリの全体設計やサーバーコンポーネントの適切な使い方、ベストプラクティスについては、世界中の開発者が試行錯誤している段階です。

本書が対象としているReact、およびNext.jsビギナーの方は、この新しいサーバーコンポーネントや、従来のコンポーネント（Reactクライアントコンポーネントと呼ばれます）についての深い理解や知識は、現時点では必要ありません。次章から書いていくReactがサーバーコンポーネントであると、頭の片隅に置いておけば十分です。

なお本書で開発しているアプリには、「フロントエンドからバックエンドにデータを送る（ユーザー登録時やアイテム作成時など）」というクライアント側の操作が多くあるため、クライアントコンポーネントの利用が多くなっています。

以下、Reactをすでに使ったことがある人向けに、従来までの「クライアントコンポーネント」と、Next.jsでデフォルトになっている「サーバーコンポーネント」の違いや使い分けについて簡単に紹介します。

まず違いですが、サーバーコンポーネントではuseStateやuseEffectが使えません。ユーザー操作に関する機能（onClickやonChange）も使えません。useStateやonClickを使うには、ファイルの1行目に"use client"と書いてください。これでデフォルトのサーバーコンポーネントは、クライアントコンポーネントへと切り替わります（リスト6.10）。

▼リスト6.10：" use client" の使用例

```javascript
"use client"

import { useState } from "react"

const Contact = () => {
    const [data, setData] = useState("")
    return (
        <div>
            ...
```

次にサーバーコンポーネントとクライアントコンポーネントの使い分けですが、Next.js公式サイトでは、「基本的にはサーバーコンポーネントを使い、

useStateなどのクライアントコンポーネントでしか動かない機能が必要な時に初めてクライアントコンポーネントを使う」という方法が推奨されています（表6.1）。

▼表6.1：サーバーコンポーネントとクライアントコンポーネントの比較

操作	サーバーコンポーネント	クライアントコンポーネント
useStateやuseEffectの使用	×	○
onClickなどのユーザー操作機能	×	○
バックエンドのリソースに直接アクセスする	○	×

さらにくわしく知りたい方は、下記Next.js公式サイトを参考にしてください。

URL https://nextjs.org/docs/app/building-your-application/rendering/composition-patterns

ここで、サーバーコンポーネントの「パフォーマンス性向上」というメリットを実際に確認してみましょう。

下記パッケージをインストールしてください。コードのハイライトに使うパッケージはサイズの大きいものが多いので、例としてhighlight.jsを使います。

```
% npm install highlight.js
```

/app/page.jsで読み込みます（リスト6.11）。

▼リスト6.11：app/page.js

```javascript
import hljs from "highlight.js"    // 追加

const ReadAllItems = () => {
    return (
        <div>
            ...
```

Next.jsを`npm run dev`で起動して、ブラウザを開きましょう。そしてデベロッパーツールから「Network」タブを選択してください（図6.14）。

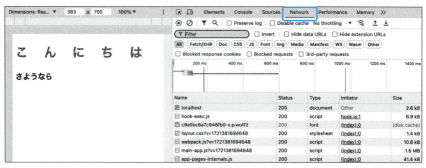

▲図6.14：「Network」タブ　その1

画面をリロードし、このページで読み込んでいるリソースのサイズを確認しましょう。これは「Network」タブの一番下に表示されており、ここでは「7.2MB resources」となっています（図6.15）。

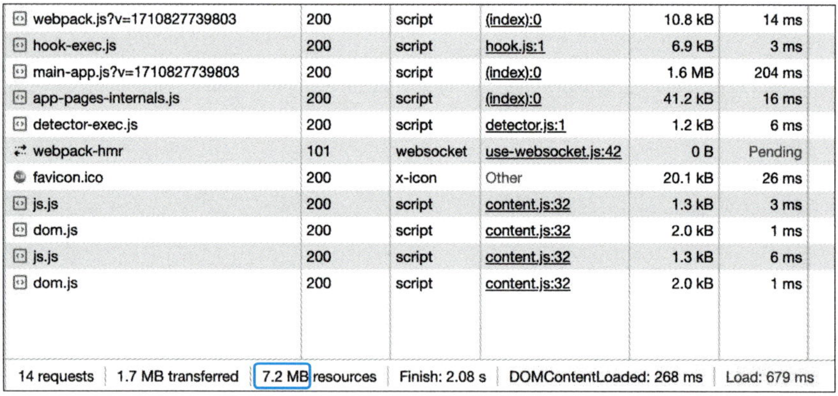

▲図6.15：「Network」タブ　その2

次は/app/page.jsに、リスト6.12のコードを書き加えてください。

▼リスト6.12：app/page.js

```javascript
"use client"           // 追加
import hljs from "highlight.js"

const ReadAllItems = () => {
    return (
        <div>
            ...
```

　これによってこのコンポーネントは、デフォルトのサーバーコンポーネントからクライアントコンポーネントになりました。保存したらブラウザに戻り、「Network」タブを開いたままリロードしてください。そして下部のリソースサイズを確認しましょう（図6.16）。

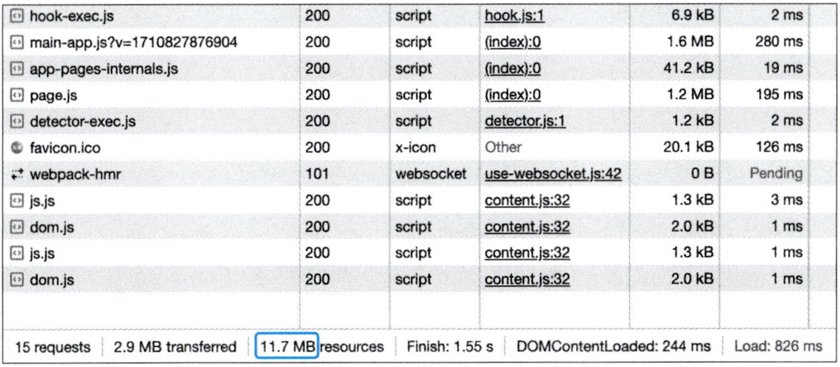

hook-exec.js	200	script	hook.js:1	6.9 kB	2 ms
main-app.js?v=1710827876904	200	script	(index):0	1.6 MB	280 ms
app-pages-internals.js	200	script	(index):0	41.2 kB	19 ms
page.js	200	script	(index):0	1.2 MB	195 ms
detector-exec.js	200	script	detector.js:1	1.2 kB	2 ms
favicon.ico	200	x-icon	Other	20.1 kB	126 ms
webpack-hmr	101	websocket	use-websocket.js:42	0 B	Pending
js.js	200	script	content.js:32	1.3 kB	3 ms
dom.js	200	script	content.js:32	2.0 kB	1 ms
js.js	200	script	content.js:32	1.3 kB	1 ms
dom.js	200	script	content.js:32	2.0 kB	1 ms

15 requests | 2.9 MB transferred | **11.7 MB resources** | Finish: 1.55 s | DOMContentLoaded: 244 ms | Load: 826 ms

▲図6.16：「Network」タブ　その3

　今度は「11.7MB」と4MB以上重くなっています。サーバーコンポーネントでは、パッケージのJavaScriptコードをパワフルなサーバー側で処理するのに対し、クライアントコンポーネントではブラウザ側で処理するためです。

　サーバーコンポーネントのメリットを実際に確認できたので、次章からはアプリのフロントエンド開発を進めていきます。

　次に進む前に、インストールした`highlight.js`はアンインストールしておきましょう。Next.jsを停止させ、次のコマンドを実行してください。

```
% npm uninstall highlight.js
```

/app/page.jsに書き足したコードも消しておきます（リスト6.13）。

▼リスト6.13：app/page.js

```javascript
"use client"                        // 削除
import hljs from "highlight.js"     // 削除

const ReadAllItems = () => {
    return (
        <div>
            ...
```

ここまでのコードは下記URLにあるので、参考にしてください。

🔗 https://github.com/mod728/nextjs-book-fullstack-app-folder-v2/tree/chapter6

コラム

サーバーコンポーネントとクライアントコンポーネントは一緒に使える？

Next.jsのappフォルダ内で作るReactコンポーネントは、自動的にサーバーコンポーネントとなります。それではuse clientを付けたコンポーネント、つまりクライアントコンポーネントで、サーバーコンポーネントをimportして利用することはできるのでしょうか。

答えは「可能といえば可能」という保留付きのものになります。この理由は、クライアントコンポーネント内にimportした子コンポーネントは、すべてが自動的にクライアントコンポーネントになってしまうからです。その結果、サーバーコンポーネントの強みであるデータベースへのアクセスなどの操作を行うことは不可能になります。Next.js公式サイトにおいても、サーバーコンポーネントをクライアントコンポーネントにimportすることは「サポートしていない使い方（Unsupported Pattern）」と書かれています。

その代わりに勧められているのが、propsやchildrenの形でクライアントコンポーネントに渡す方法で、これを使えばクライアントコンポーネント化することなく、サーバーコンポーネントの機能が維持されます。

Chapter7
ユーザー登録ページとログインページ

フロントエンドには、バックエンドの各機能に対応するページが必要になります。ユーザー関係の「登録ページ」「ログインページ」、そしてアイテム関係の「作成ページ」「読み取りページ」「編集ページ」「削除ページ」です。本章ではユーザー関係のページを開発し、次章ではアイテム関係のページを作っていきます。

01 必要なフォルダとファイル

> フロントエンド開発を始めるための基礎工事をしましょう。

　バックエンド開発時に見たように、`app`フォルダ内ではフォルダ名がURLとして使われ、コードはその中に作った`route.js`ファイルに書きました。これはフロントエンドでも基本的に同じで、唯一の違いはファイル名として`route.js`ではなく`page.js`を使うことです。確認してみましょう。`app`フォルダ内に`register`フォルダを作成し、その中に`page.js`を作ってください（図7.1）。

```
∨ app
  > api
  ∨ register
    JS page.js
  > utils
  ★ favicon.ico
```

▲図7.1：registerフォルダの中にpage.jsを作成

　そこにリスト7.1のようにReactのひな形コードを書きます。

▼リスト7.1：app/register/page.js

```javascript
const Register = () => {
    return (
        <div>
            <h1>ユーザー登録</h1>
        </div>
    )
}

export default Register
```

変更を保存しましょう。ブラウザで下記URLを開くと、図7.2のように表示されます。

URL http://localhost:3000/register

▲図7.2：登録ページの表示

これでapp内のフォルダ名がURLとして使われ、コードはその中に作ったpage.jsに書くことが確認できました。次は、ユーザー登録関係のフォルダ／ファイルを納めるuserフォルダと、アイテム関係のフォルダ／ファイルを納めるitemフォルダを、appフォルダ内に作りましょう（図7.3）。

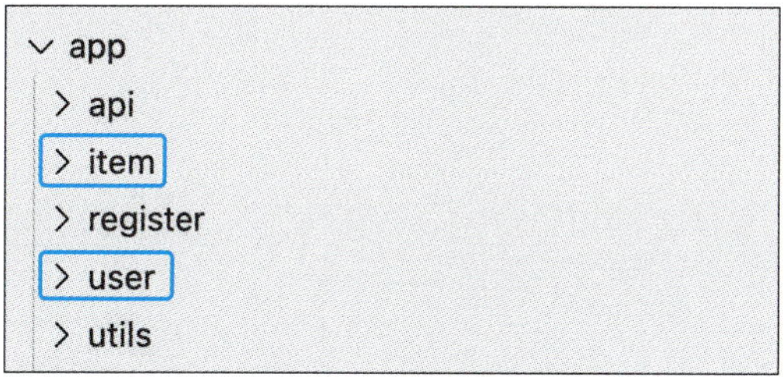

```
∨ app
  > api
  > item
  > register
  > user
  > utils
```

▲図7.3：itemフォルダとuserフォルダを作成

itemフォルダは次章で使っていきます。先ほど作ったregisterフォルダはユーザー関係のページなので、userフォルダ内に移動しましょう（図7.4）。

```
∨ app
  > api
  > item
  ∨ user/register
    JS page.js
  > utils
```

▲図7.4：registerフォルダをuserフォルダ内へ移動

ブラウザで URL http://localhost:3000/register を開くと、今はエラーが出ています。このURLがもはや存在していないためです。なので http://localhost:3000/user/register と、フォルダ構成に沿ったURLに修正しましょう。図7.5のように表示されます。

▲図7.5：登録ページの新しいURLの表示

これでapp内のフォルダの位置関係がURLに反映されているとわかりました。

フロントエンドで必要な各ページのファイルを先に作りましょう。ユーザー登録ページに使う/register/page.jsはすでにあるので、ログインページに使うloginフォルダとpage.jsファイルを、userフォルダ内に作成してください（図7.6）。

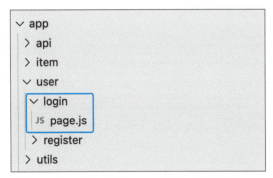

▲図7.6：loginフォルダとpage.jsファイルを作成

次はアイテム関係のページです。フロントエンドには、アイテムの「作成」「読み込み」「修正」「削除」を行うページが必要です。なのでitemフォルダ内にそれぞれに対応するフォルダ、create、read、update、deleteを作り、そしてその中にpage.jsファイルを作りましょう（図7.7）。

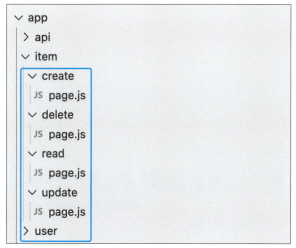

▲図7.7：アイテムのフォルダとファイルを作成

　バックエンド開発時のことを覚えている人は気が付くと思いますが、アイテム関係ページのこのようなフォルダ構成にはひとつ問題があります。これはアイテム関係ページ開発を行う次章で修正しましょう。ユーザー関係の2つのページ、ユーザー登録ページとログインページが用意できたので、最初にユーザー登録ページから開発を進めていきます。

02 ユーザー登録ページ

> ブラウザの表示を担うコードを書いた後、バックエンドにデータを投稿する機能を書き足します。

まず完成形を確認しましょう。下記URLを開いてください（図7.8）。

URL https://nextbook-fullstack-app-folder.vercel.app/user/register

▲図7.8：登録ページの完成形

このページは、大きく次の3つのパーツからできているのがわかります（図7.9）。

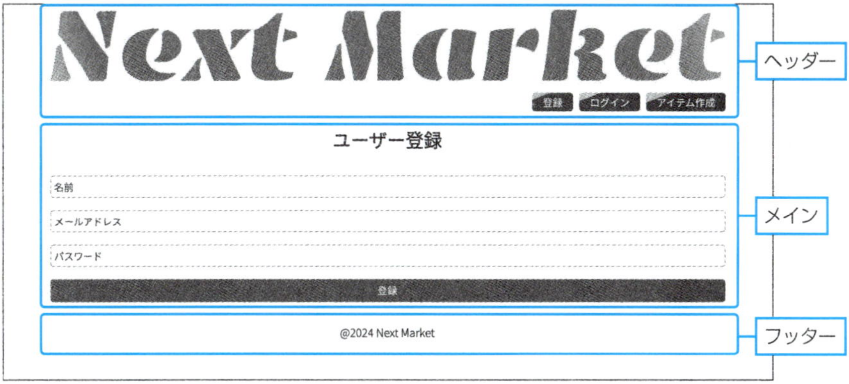

▲図7.9：登録ページを構成するパーツ

別のページに移動してみればわかるように、「ヘッダー」と「フッター」はどのページでも表示される共通パーツです。この共通部分は最後に開発するので、ここでは登録ページ固有の「メイン」部分にフォーカスします。

「メイン」部分は、3つのインプットとひとつのボタンから構成されているので、リスト7.2のコードを/register/page.jsに書きましょう。各項目にはrequiredを付けて、ひとつでも空欄の場合はフォームを送信できないようにしてあります。

▼リスト7.2：app/user/register/page.js

JavaScript

```
const Register = () => {
    return (
        <div>
            <h1>ユーザー登録</h1>
            // ↓追加
            <form>
                <input type="text" name="name" placeholder="名前" required/>
                <input type="text" name="email" placeholder="メールアドレス" ⏎
required/>
                <input type="text" name="password" placeholder="パスワード" ⏎
required/>
                <button>登録</button>
            </form>
            // ↑追加
        </div>
```

```
    )
}

export default Register
```

　ここまではHTMLと同じです。次はデータ送信のコードを用意しましょう。HTMLでのデータの送信は、送り先を`<form>`の`action`に書き、`method`の種類を指定して、リスト7.3のように書いていました。

▼リスト7.3：HTMLのデータ送信コード

```
<form action="http://localhost:3000/api/user/register" method="POST">
```

　Reactでは別の形でデータ送信を実現します。リスト7.4のコードを書き加えてください。

▼リスト7.4：app/user/register/page.js

```
const Register = () => {

    const handleSubmit = () => {} // 追加

    return (
        <div>
            <h1>ユーザー登録</h1>
            <form>
                ...
```

　これを`<form>`の中に書いて結び付けます（リスト7.5）。

▼リスト7.5：app/user/register/page.js

```
const Register = () => {

    const handleSubmit = () => {}

    return (
        <div>
            <h1>ユーザー登録</h1>
```

```
<form onSubmit={handleSubmit}>    // 追加
    ...
```

　この時点で変更を保存すると、ターミナルにエラーが表示されます（図7.10）。

```
✓ Compiled in 54ms (258 modules)
✘ Error: Event handlers cannot be passed to Client Component props.
  <form onSubmit={function} children=...>
                 ^^^^^^^^^^
If you need interactivity, consider converting part of this to a Client Component.
```
▲図7.10：ターミナルの表示

　なぜこのようなエラーが出るのでしょうか。前章で説明したように、Next.jsのAppフォルダではサーバーコンポーネントがデフォルトになっているので、この/register/page.jsもサーバーコンポーネントです。しかしサーバーコンポーネント内では、<form>処理のようなユーザーがデータを投稿する操作は行えません。

　この解決のためには、「サーバーコンポーネント」を「クライアントコンポーネント」へと変更する必要があります。ファイルの1行目に、リスト7.6のコードを追加してください。

▼リスト7.6：app/user/register/page.js
```javascript
"use client"      // 追加

const Register = () => {
        ...
```

　これで、このコンポーネントはクライアントコンポーネントになりました。

　データ送信処理のコードはhandleSubmitの{ }内に書いていきます。データの送信処理は成功する場合と失敗する場合があるので、バックエンド開発でも使ったtry catch文を最初に書き加えましょう（リスト7.7）。

▼リスト7.7：app/user/register/page.js

```javascript
"use client"

const Register = () => {

    const handleSubmit = () => {
        // ↓追加
        try{

        }catch{

        }
        // ↑追加
    }

    return (
        ...
```

データの送信には fetch() を使います。「fetch」とは「取ってくる」「読み取る」といった意味で、データの取得（HTTPメソッドのGET）だけでなく、データの送信（HTTPメソッドのPOST）などにも利用できます。リスト7.8のようにコードを書き加えましょう。

▼リスト7.8：app/user/register/page.js

```javascript
...

const handleSubmit = () => {
    try{
        fetch(" ")  // 追加
    }catch{

    }
}

...
```

" " にはデータの送信先を書きます。ここで、どこにユーザー登録データを送るのか、つまりバックエンドのどこで「ユーザーデータの作成」という処理

を実行していたのかを思い出してみましょう。これは/api/user/register/route.jsでした。そのためデータの送り先は次のURLになります。

 URL http://localhost:3000/api/user/register

これを書き込みましょう（リスト7.9）。

▼リスト7.9：app/user/register/page.js

```javascript
...

const handleSubmit = () => {
    try{            // ↓追加
        fetch("http://localhost:3000/api/user/register")
    }catch{

    }
}

...
```

次はこのデータ送信に関する設定をいくつか書き加えます。今入力したURL横にコンマを置いてカッコを追加し、その中にリスト7.10のコードを書いてください。

▼リスト7.10：app/user/register/page.js

```javascript
...

const handleSubmit = () => {
    try{
        // ↓追加
        fetch("http://localhost:3000/api/user/register", {
            method:
            headers:
            body:
        })
        // ↑追加
    }catch{

    }
}
```

...

　このページからバックエンドに送るリクエストを言葉にすれば、「この新規ユーザーを登録してください」です。それはつまり「新しいデータを作成する」ということなので、methodはPOSTになります。

　次のheadersは、このPOSTリクエストで送るデータの種類や補足情報を書くところです。JSON形式のデータで送信したいので、リスト7.11のように書きましょう。

▼リスト7.11：app/user/register/page.js

```javascript
...
const handleSubmit = () => {
    try{
        fetch("http://localhost:3000/api/user/register", {
            // ↓追加
            method: "POST",
            headers: {
                "Accept": "application/json",
                "Content-Type": "application/json"
            },
            // ↑追加
            body:
        })
    }catch{

    }
}
...
```

　最後はbodyです。バックエンド開発時、requestを解析したreqBodyの中のデータを調べたことから想像できるように、このbodyにはバックエンドに送信するデータを書きます。ユーザー登録ページからバックエンドに送りたいデータとは、「名前」「メールアドレス」「パスワード」の3つです。これはどの

ように書けばいいのでしょうか。後ほど解説するので、ここでは仮のデータとして、**body**には リスト7.12のように書いておいてください。

▼リスト7.12：app/user/register/page.js

```javascript
...
    headers: {
        "Accept": "application/json",
        "Content-Type": "application/json"
    },
    body: "ダミーデータ"   // 追加
})
}catch{
    ...
```

これでひとまずデータ送信処理の設定ができました。

さて、Reactで何らかのデータを扱う時は、ほぼ必ずstateというものを使います。stateとはデータを一時的に保管しておく場所だと考えてください。まずユーザーの氏名である「名前」というデータを保管する場所を作ってみましょう。

stateを使うには、useStateをreactから読み込む必要があります。前章でも少し触れましたが、このuseState、そして後で出てくるuseEffectは、クライアントコンポーネントでのみ使うことができるコードです（リスト7.13）。

▼リスト7.13：app/user/register/page.js

```javascript
"use client"
import { useState } from "react" // 追加

const Register = () => {
    ...
```

次にリスト7.14のコードを加えます。

▼リスト7.14：app/user/register/page.js

```javascript
"use client"
import { useState } from "react"

const Register = () => {
    const [name, setName] = useState("")    // 追加

    const handleSubmit = () => {
        ...
```

今追加したコードを右側から解説します。右端の useState("") は、これがstateのコードであることを意味し、() 内にはこのstateのデフォルトのデータ（初期値）を入れます。この登録ページがブラウザに表示された時には、当然「名前」のデータはまだ存在していないので空欄（""）にしてあります。

もし最初から何らかのデータを入れておきたい場合は、useState("谷崎") のように書けば、「谷崎」がデフォルトのデータになります。

ではこのデフォルトのデータには、どのようにアクセスすればいいのでしょうか。実はこのデータは左辺の name の中に入っています。確認してみましょう。リスト7.15のコードを書き加えてください。

▼リスト7.15：app/user/register/page.js

```javascript
"use client"
import { useState } from "react"

const Register = () => {
    const [name, setName] = useState("谷崎") // 追加

    console.log(name) // 追加

    const handleSubmit = () => {
    ...
```

保存したらブラウザで URL http://localhost:3000/user/register を開き、デベロッパーツールの「Console」を見てください。リロード（再読み

込み）すると、図7.11のように表示されます。

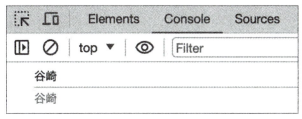

▲図7.11：「Console」の表示

今度はリスト7.16のように文言を変えてみましょう。

▼リスト7.16：app/user/register/page.js
```javascript
"use client"
import { useState } from "react"

const Register = () => {
    const [name, setName] = useState("こんにちは") // 変更

    console.log(name)
    ...
```

保存したらブラウザに戻り、「Console」を確認します（図7.12）。

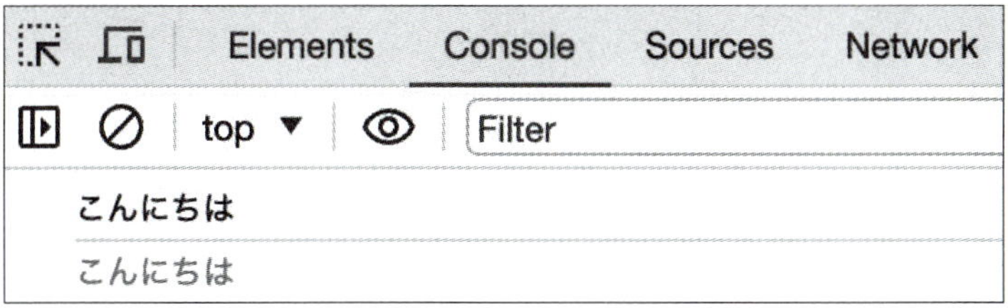

▲図7.12：「Console」の表示

これでnameの中には、useState("")のカッコ内のデータが入っているとわかりました。それではこの中のデータの変更や更新はどうすればいいのでしょうか。ここで使うのがsetNameです。setNameにカッコを付け、setName(更新データ)の形にすることで、nameに新しいデータが書き込まれます。確

認してみましょう。

まずstateの初期値は空欄にしておきます（リスト7.17）。

▼リスト7.17：app/user/register/page.js

```javascript
"use client"
import { useState } from "react"

const Register = () => {
    const [name, setName] = useState("")    // 初期値を空欄にする

    console.log(name)
    ...
```

`<input>`に入力された名前のデータをnameというstateに保管したいので、setNameを使ってリスト7.18のように書きます。

▼リスト7.18：app/user/register/page.js

```javascript
...

return (
    <div>
        <h1>ユーザー登録</h1>
        <form onSubmit={handleSubmit}>
            <input value={name} onChange={(e) => setName(e.target.value)} type="text" name="name" placeholder="名前" required/> // 追加
            <input type="text" name="email" placeholder="メールアドレス" required/>
            ...
```

valueはこの`<input>`に入力されたデータになります。これはnameと等しくなるので、value={name}と書きます。続くonChangeでは、入力されたデータを捕捉します。`<input>`に入力されたデータはeの中に入っているので、それをnameにデータを書き込むsetNameに渡しています。後で確認しますが、実はeの中にはさまざまなデータが入っており、その中で必要なデータへとアクセスするためにe.target.valueとしています。

まずはこのコードが正しく動くか確認しましょう。コードを保存したらブラウザで URL http://localhost:3000/user/register を開き、デベロッパーツールの「Console」も出しておきます。そして「名前」の<input>に適当な文字を入力してみましょう。するとデベロッパーツールにも同じ文字が表示されます（図7.13）。

▲図7.13：「Console」の表示

　これは<input>に入力されたデータがsetNameを使ってnameに書き込まれているからです。setNameを使えばnameにデータを書き込めることがわかったので、次はeの中身を確認しましょう。リスト7.19のようにonChangeのカッコ内に、改行と新しいコードを加えてください。

▼リスト7.19：app/user/register/page.js

```javascript
...

return (
    <div>
        <h1>ユーザー登録</h1>
        <form onSubmit={handleSubmit}>
            <input value={name}
                // ↓変更
                onChange={(e) => {
                    setName(e.target.value)
                    console.log(e)
                }}
                // ↑変更
```

```
                type="text" name="name" placeholder="名前" required/>
                <input type="text" name="email" placeholder="メールアドレス" ↵
required/>
                ...
```

保存してブラウザに戻り、「名前」のフォームに適当な文字を入れると、デベロッパーツールに図7.14のような表示が出ます。

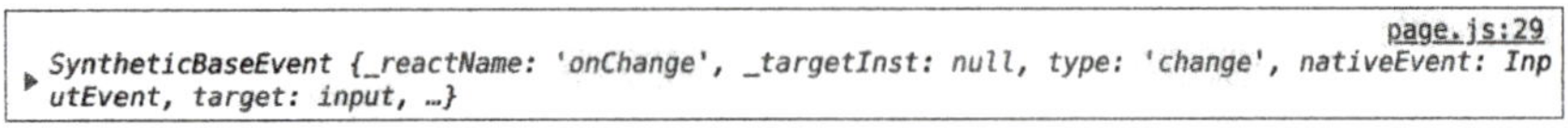

```
                                                                    page.js:29
▶ SyntheticBaseEvent {_reactName: 'onChange', _targetInst: null, type: 'change', nativeEvent: Inp
  utEvent, target: input, …}
```
▲図7.14：「Console」の表示

SyntheticBaseEventがeの中に格納されているデータで、展開すると中身が大量にあるのがわかります。SyntheticBaseEventを展開し、target→valueと進むと（図7.15）、<input>に入力されている文字列があるので、入力されたデータにはe.target.valueでアクセスできるのがわかります。

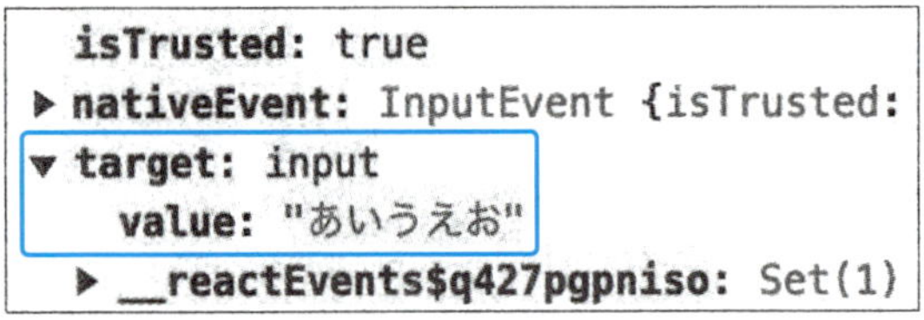

```
  isTrusted: true
▶ nativeEvent: InputEvent {isTrusted:
▼ target: input
    value: "あいうえお"
  ▶ __reactEvents$q427pgpniso: Set(1)
```
▲図7.15：e.target.valueデータ

なおeとは「Event Parameter（Event Objectとも）」の略で、「フォームに入力する」「送信する」「マウスを動かす」などの「ユーザーの操作によってブラウザ上で起きた出来事（イベント）」に関係するデータが入っています。eの代わりにevtやeventと書く人もいますが、働きは同じです。

これでsetNameとeを使えば、入力された名前のデータをnameに書き込めることがわかりました。「名前」の他には「メールアドレス」「パスワード」のstateも必要なので書き加えましょう。console.log(name)は消しておきます（リスト7.20）。

▼リスト7.20：app/user/register/page.js

```javascript
"use client"
import { useState } from "react"

const Register = () => {
    const [name, setName] = useState("")
    // ↓追加
    const [email, setEmail] = useState("")
    const [password, setPassword] = useState("")
    // ↑追加

    console.log(name)  // 削除

    const handleSubmit = () => {
        ...
```

stateの名前は自由に付けられます。例えばパスワードを保存するstateは、リスト7.21のように書いても機能します。

▼リスト7.21：useStateの記法の例

```javascript
const [abc, xyz] = useState("")
```

しかし通常は保存するデータと同じ名前（passwordなど）、そしてそれにデータをセットするという意味でset + データ名（setPasswordなど）とします。

他の`<input>`にも、「名前」の`<input>`と同じように書きます。リスト7.22を参考にしてください。先ほど追加した改行や`console.log(e)`などは消しましょう。

▼リスト7.22：app/user/register/page.js

```javascript
...

return (
    <div>
        <h1>ユーザー登録</h1>
```

```
            <form onSubmit={handleSubmit}>
                <input value={name} onChange={(e) => setName(e.target.value)} 
type="text" name="name" placeholder="名前" required/>
                <input value={email} onChange={(e) => setEmail(e.target.
value)} type="text" name="email" placeholder="メールアドレス" required/>
                <input value={password} onChange={(e) => setPassword(e.target.
value)} type="text" name="password" placeholder="パスワード" required/>
                <button>登録</button>
            </form>
        </div>
    )
}

export default Register
```

これで3つの`<input>`に入力されたデータがそれぞれname、email、passwordに保存されます。このデータこそバックエンドに送りたいデータなので、3つをまとめてbody横に書きましょう（リスト7.23）。

▼リスト7.23：app/user/register/page.js

```javascript
...

const handleSubmit = () => {
    try{
        fetch("http://localhost:3000/api/user/register", {
            method: "POST",
            headers: {
                "Accept": "application/json",
                "Content-Type": "application/json"
            },
            // ↓追加
            body: {
                name: name,
                email: email,
                password: password
            }
            // ↑追加
        })
    }catch{
        ...
```

送るデータはJSON形式にしたいので、JSON形式に変換する`JSON.stringify()`を書き足します（リスト7.24）。

▼リスト7.24：app/user/register/page.js

```javascript
...
headers: {
    "Accept": "application/json",
    "Content-Type": "application/json"
},
body: JSON.stringify({       // 追加
    name: name,
    email: email,
    password: password
})                           // 追加
...
```

　データの送信が失敗した場合にはブラウザに通知を出したいので、リスト7.25のコードも書き加えます。

▼リスト7.25：app/user/register/page.js

```javascript
...
            body: JSON.stringify({
                name: name,
                email: email,
                password: password
            })
        })
    }catch{
        alert("ユーザー登録失敗")    // 追加
    }
}
...
```

　`alert()`を使うと、図7.16のようにブラウザに通知が出せます。

▲図7.16：alert()の表示

　これでコードは完成したように見えます。意図通りに動くか試してみましょう。保存したらブラウザで🔗 http://localhost:3000/user/register を開き、図7.17のように好きなユーザーデータを入力します。

▲図7.17：ユーザーデータを入力

　「登録」ボタンを押してみましょう。すると画面がリロードされてしまいます。実は`<form>`で`<button>`を押して送信処理をすると、このようにリロードされてしまう設計になっているのです。これを止めるために、`preventDefault()`を`handleSubmit`の中に書きます。これはeの中に入っているので、eも書き加えましょう（リスト7.26）。

▼リスト7.26：app/user/register/page.js

```javascript
...

const handleSubmit = (e) => {    // 追加
    e.preventDefault()           // 追加
    try{
        fetch("http://localhost:3000/api/user/register", {
            method: "POST",
            headers: {
                "Accept": "application/json",
                "Content-Type": "application/json"
```

```
    },
    ...
```

　これでデータの送信処理ができそうです。しかし今の時点では、送信処理が成功しても通知が出ません。エラーの場合は`alert()`でブラウザに通知が出るようにしてあるので、成功した場合にも同じように表示してあげましょう。ここで一度、このデータの送り先である api フォルダの user フォルダにある `/register/route.js` を確認してみましょう。リスト7.27のコードがあります。

▼リスト7.27：app/api/user/register/route.js

```javascript
return NextResponse.json({message: "ユーザー登録成功"})
```

　これはユーザーデータの書き込みが成功した時、フロントエンドに対して送るレスポンスです。これをブラウザで表示させてあげれば、ユーザーデータがデータベースに書き込まれ、ユーザー登録が成功したことを通知できそうです。

　フロントエンドの `/app/user/register/page.js` に戻り、`fetch()` の左側にリスト7.28のコードを加えます。

▼リスト7.28：app/user/register/page.js

```javascript
...

const handleSubmit = (e) => {
    e.preventDefault()
    try{    // ↓追加
        const response = fetch("http://localhost:3000/api/user/register", {
            method: "POST",
            headers: {
                ...
```

　このコードによって、バックエンドから返されたレスポンス（`NextResponse`）のデータが `response` の中に格納されます。このレスポンスデータは、ストリームという特殊な形式なので、それをJSON形式へと変換するコードも書き加えましょう（リスト7.29）。

▼リスト7.29：app/user/register/page.js

```javascript
...

const handleSubmit = (e) => {
    e.preventDefault()
    try{
        const response = fetch("http://localhost:3000/api/user/register", {
            method: "POST",
            headers: {
                "Accept": "application/json",
                "Content-Type": "application/json"
            },
            body: JSON.stringify({
                name: name,
                email: email,
                password: password
            })
        })
        const jsonData = response.json()    // 追加
    }catch{
        alert("ユーザー登録失敗")
    }
}
...
```

　バックエンド開発時のことを覚えている人は、ここである問題に気が付くと思います。今追加した`response.json()`が、レスポンスが返ってくるよりも前に実行されるかもしれない問題です。JavaScriptでは、先に書かれたコードの処理が終わるよりも前に、その次のコードが実行されてしまう可能性があります。これを防ぐために`await`を置き、先に書かれたコードの処理が終わってから次のコードへと進むように順番づけをしましょう。`await`は`async`と一緒に使う必要があるので、`async`も書き加えます（リスト7.30）。

▼リスト7.30：app/user/register/page.js

```javascript
...

const handleSubmit = async(e) => {    // 追加
    e.preventDefault()
    try{                  // ↓追加
```

```javascript
        const response = await fetch("http://localhost:3000/api/user/
register", {
            method: "POST",
            headers: {
                "Accept": "application/json",
                "Content-Type": "application/json"
            },
            body: JSON.stringify({
                name: name,
                email: email,
                password: password
            })
        })
        const jsonData = await response.json() // 追加
    }catch{
        alert("ユーザー登録失敗")
    }
}
...
```

バックエンドから送られてきたレスポンスは、jsonDataの中のmessageに入っています。これをalert()で表示させるので、リスト7.31のコードを書き加えましょう。

▼リスト7.31：app/user/register/page.js

```javascript
                ...
                name: name,
                email: email,
                password: password
            })
        })
        const jsonData = await response.json()
        alert(jsonData.message)    // 追加
    }catch{
        alert("ユーザー登録失敗")
    }
}
```

これでユーザー登録ページのコードが完成です。正しく動くか確認してみましょう。保存したらブラウザに行き、図7.18のように好きなユーザーデータを入力し、「登録」ボタンを押します。

ユーザー登録
ユーザーテスト
test@gmail.com
test123
登録

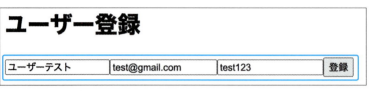

▲図7.18：ユーザーデータを入力

そうすると「ユーザー登録成功」と出ます（図7.19）。

localhost:3000 says
ユーザー登録成功
OK

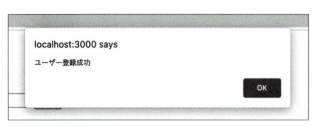

▲図7.19：登録成功の表示

データベースに書き込まれているかを確認しましょう。MongoDBを開き、変更を反映させるためにリロードします（図7.20）。

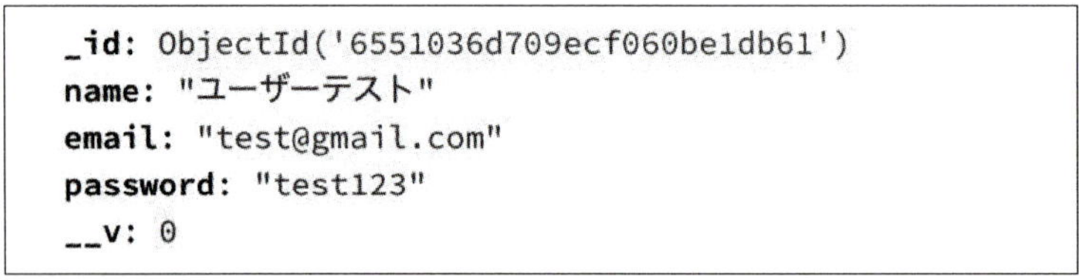

_id: ObjectId('6551036d709ecf060be1db61')
name: "ユーザーテスト"
email: "test@gmail.com"
password: "test123"
__v: 0

▲図7.20：MongoDBに保存されたユーザーデータ

ユーザー登録ページが意図通りに動いていると確認できました。続いて次はログインページを作りましょう。

03 ログインページ

ログインページが行う操作は、ここまで作ってきた登録ページと実はほとんど同じです。

最初にログインページで必要なものを確認します。下記URLを開いてください（図7.21）。

URL https://nextbook-fullstack-app-folder.vercel.app/user/login

▲図7.21：ログインページの完成見本

ログインページも、図7.22のように3つのパーツからできています。

▲図7.22：ログインページを構成するパーツ

　登録ページと同じように、ここでも「メイン」パーツを開発していきます。まず、ログインページとはどのような機能を持っているのかを考えてみましょう。ログインページの機能とは、「ユーザーが入力した『メールアドレス』と『パスワード』をバックエンドに送り、そしてログインの成否を知らせるレスポンスを受け取る」、つまり「データを送ってレスポンスを受け取る」です。これは今作った登録ページとほとんど同じだとわかります。

　`/login/page.js`にReactのひな形コードを書きましょう（リスト7.32）。

▼リスト7.32：app/user/login/page.js

```javascript
const Login = () => {
    return (
        <div>
            <h1>ログイン</h1>
        </div>
    )
}

export default Login
```

　ログインページもクライアントコンポーネントとして使いたいので、1行目にリスト7.33のコードを加えます。

▼リスト7.33：app/user/login/page.js

```javascript
"use client"     // 追加

const Login = () => {
    return (
        ...
```

データを入力するインプットとボタンを書きましょう（リスト7.34）。

▼リスト7.34：app/user/login/page.js

```javascript
"use client"

const Login = () => {
    return (
        <div>
            <h1>ログイン</h1>
            // ↓追加
            <form>
                <input type="text" name="email" placeholder="メールアドレス" required/>
                <input type="text" name="password" placeholder="パスワード" required/>
                <button>ログイン</button>
            </form>
            // ↑追加
        </div>
    )
}

export default Login
```

次は、入力されたデータを保管するstateを用意します（リスト7.35）。

▼リスト7.35：app/user/login/page.js

```javascript
"use client"
import { useState } from "react"          // 追加

const Login = () => {
    const [email, setEmail] = useState("")    // 追加
```

```javascript
    const [password, setPassword] = useState("")      // 追加

    return (
        ...
```

それぞれを`<input>`に追加し、入力されたデータを`email`と`password`に書き込めるようにします（リスト7.36）。

▼リスト7.36：app/user/login/page.js

```javascript
...

return (
    <div>
        <h1>ログイン</h1>
        <form>
            // ↓追加
            <input value={email} onChange={(e) => setEmail(e.target.
value)} type="text" name="email" placeholder="メールアドレス" required/>
            <input value={password} onChange={(e) => setPassword(e.target.
value)} type="text" name="password" placeholder="パスワード" required/>
            // ↑追加
            <button>ログイン</button>
        </form>
    </div>
    ...
```

データをバックエンドに送る機能を作り、それを`<form>`と結び付けます。リスト7.37のコードを書いてください。

▼リスト7.37：app/user/login/page.js

```javascript
...

const Login = () => {
    const [email, setEmail] = useState("")
    const [password, setPassword] = useState("")

    // ↓追加
    const handleSubmit = () => {
        try{
```

```
        }catch{

        }
    }
    // ↑追加

    return (
        <div>
            <h1>ログイン</h1>
            <form onSubmit={handleSubmit}>    // 追加
            ...
```

　データの送信には再びfetch()を使います。ログインデータの送信先は URL http://localhost:3000/api/user/login なので、カッコの中に書いてください。データ送信に関する設定を書くheaders、そして肝心のデータはbodyにセットしましょう。ここでも送信データはJSON形式にする必要があるので、JSON.stringify()を使って変換しています（リスト7.38）。

▼リスト7.38：app/user/login/page.js

JavaScript

```
...

const handleSubmit = () => {
    try{
        // ↓追加
        fetch("http://localhost:3000/api/user/login", {
            method: "POST",
            headers: {
                "Accept": "application/json",
                "Content-Type": "application/json"
            },
            body: JSON.stringify({
                email: email,
                password: password
            })
        })
        // ↑追加
    }catch{
        ...
```

バックエンドから返ってきたレスポンスを確認したいので、レスポンスデータ格納のための response を用意しましょう。このレスポンスは JSON 形式に変換する必要があるので、json() も加えます（リスト7.39）。

▼リスト7.39：app/user/login/page.js

```javascript
...

const handleSubmit = () => {
    try{        // ↓追加
        const response = fetch("http://localhost:3000/api/user/login", {
            method: "POST",
            headers: {
                "Accept": "application/json",
                "Content-Type": "application/json"
            },
            body: JSON.stringify({
                email: email,
                password: password
            })
        })
        const jsonData = response.json()    // 追加
    }catch{

    }
}
...
```

JSONデータへの変換は、レスポンスの処理が完了してから実行したいのでawait、そしてawaitを使うためのasyncを加えます（リスト7.40）。

▼リスト7.40：app/user/login/page.js

```javascript
...

const handleSubmit = async() => {   // 追加
    try{        // ↓追加
        const response = await fetch("http://localhost:3000/api/user/login", {
            method: "POST",
            headers: {
                "Accept": "application/json",
```

```
            "Content-Type": "application/json"
        },
        body: JSON.stringify({
            email: email,
            password: password
        })
    })
    const jsonData = await response.json()    // 追加
}catch{

}
}
...
```

これでバックエンドからのレスポンスデータは、jsonDataに格納されるようになりました。alert()でブラウザに表示させましょう。エラー発生時のalert()も追加します（リスト7.41）。

▼リスト7.41：app/user/login/page.js
```
...

        const jsonData = await response.json()
        alert(jsonData.message)     // 追加
    }catch{
        alert("ログイン失敗")       // 追加
    }
}
...
```

今の状態で<button>を押すとリロードされてしまうので、その動きを防ぐためにリスト7.42のコードを加えます。

▼リスト7.42：app/user/login/page.js
```
...

const handleSubmit = async(e) => {      // 追加
    e.preventDefault()   // 追加
    try{
        ...
```

保存したらブラウザで🔗 http://localhost:3000/user/loginを開き、データベースに保存されている正しいメールアドレスとパスワードを入力し、「ログイン」ボタンを押しましょう（図7.23）。

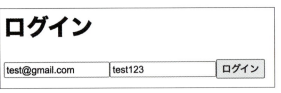

▲図7.23：メールアドレスとパスワードを入力

　「ログイン成功」と通知が出ます（図7.24）。

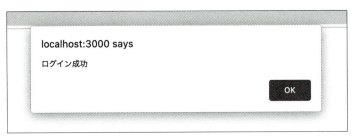

▲図7.24：ログイン成功の表示

　これでログインページは完成したように見えます。確かに動作の面ではこれでいいのですが、ターミナルを見ると図7.25のような文字列が書き出されています。

```
✓ Compiled /api/user/login in 296ms (348 modules)
Success: Connected to MongoDB
eyJhbGciOiJIUzI1NiJ9.eyJlbWFpbCI6ImR1bW15QGdtYWlsLmNvbSIsImV4cCI6MTcwMDM4NTk3M30.S
IXcTp1K2m1d2cdn6Z-EBlBnM3pNRWNd2EN9TWpBt5Q
```

▲図7.25：ターミナルに表示されたトークン

　これはapiフォルダの/user/login/route.jsにあるconsole.log()によって書き出されたtokenです（リスト7.43参照）。

▼リスト7.43：app/api/user/login/route.js

```javascript
const token = await new SignJWT(payload)
                    .setProtectedHeader({alg: "HS256"})
                    .setExpirationTime("1d")
                    .sign(secretKey)
console.log(token)
return NextResponse.json({message: "ログイン成功", token: token})
```

ターミナルに表示されているのは、JSON Web Tokenのトークンです。第4章で解説したように、ログイン成功時には図7.26のようにバックエンドでトークンが発行され、以後のフロントエンドとのやりとりでは、このトークンを送ることでログイン状態を維持するものでした。

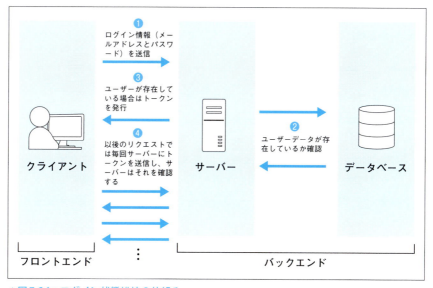

▲図7.26：ログイン状態維持の仕組み

このようなログイン状態維持の仕組みを今から作っていきます。最初に、フロントエンド側でトークンを受け取れているかを確認しましょう。フロントエンドの/user/login/page.jsに、リスト7.44のコードを書き加えてください。

▼リスト7.44：app/user/login/page.js

```javascript
...
        const jsonData = await response.json()
        console.log(jsonData)       // 追加
        alert(jsonData.message)
    }catch{
        alert("ログイン失敗")
    }
}
...
```

保存したらブラウザで URL http://localhost:3000/user/login を開き、デベロッパーツールの「Console」を出します。そして正しいログイン情報を入力して「ログイン」ボタンを押すと、図7.27のようにjsonDataの中身が表示されます。

```
                                                                    page.js:23
▶ {message: 'ログイン成功', token: 'eyJhbGciOiJIUzI1NiJ9.eyJlbWFpbCI6InRlc3RAZ21haWw
  uY…TI2fQ.ZtlKOy4ZRFq4rIiqPZsuuC9SE3PYKI0JD_4KNU-_8TQ'}
```

▲図7.27：「Console」に表示されたトークン

フロントエンド側でトークンが受け取れていることを確認できました。次は、ブラウザ内にあるデータを保管するスペース、Local Storageにこのトークンを格納しますが、ここで、なぜstateをトークンの保管に使わないのかと疑問に思う人がいるかもしれません。

stateはあくまでもデータの一時保管場所なので、そのページをリロードするとデータは消えてしまいます。一方でLocal Storageに保管したデータは画面をリロードしても消えないので、トークンの保管場所としては最適なのです。

Local Storageへの書き込みには、「Local Storageにデータをセットする」という働きを持つlocalStorage.setItem()を使います。console.log()は不要なので消しておきましょう（リスト7.45）。

▼リスト7.45:app/user/login/page.js

```javascript
...
        const jsonData = await response.json()
        console.log(jsonData)      // 削除
        localStorage.setItem("token", jsonData.token)  // 追加
        alert(jsonData.message)
    }catch{
        alert("ログイン失敗")
    }
}
...
```

localStorage.setItem()のコードは、リスト7.46のようになっています。

▼リスト7.46:localStorage.setItem()のコード

```javascript
localStorage.setItem("保管するデータの名前", 保管するデータ)
```

ここでは、「保管するデータ」はトークンの入ったjsonData.token、そして「保管するデータの名前」は、好きな名前を付けられますが、今回はtokenとしています。

ここまでに加えた変更を保存してください。Local Storageにトークンが保管されるか確認しましょう。ブラウザで URL http://localhost:3000/user/loginを開き、正しいログイン情報を入力して「ログイン」ボタンを押します。ログインが成功したら、デベロッパーツールの「Application」を開いてください。左部「Local storage」を選ぶと、トークンが保管されているのを確認できます（図7.28）。

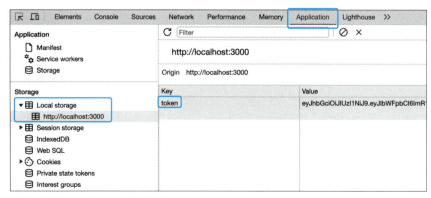

▲図7.28：「Local Storage」の表示

　Local Storageに保管されているこのトークンを、フロントエンドからのリクエストと一緒にバックエンドへ送ることで、ログイン状態は維持できそうです。

　次に進む前に、バックエンド側の/api/user/login/route.jsのconsole.log(token)は、今後不要なので消しておきましょう（リスト7.47）。

▼リスト7.47：app/api/user/login/route.js

```javascript
const token = await new SignJWT(payload)
                    .setProtectedHeader({alg: "HS256"})
                    .setExpirationTime("1d")
                    .sign(secretKey)
console.log(token)                          // 削除
return NextResponse.json({message: "ログイン成功", token: token})
```

　以上でユーザー登録ページとログインページが完成です。

　ここまでのコードは下記URLにあるので、参考にしてください。

URL https://github.com/mod728/nextjs-book-fullstack-app-folder-v2/tree/chapter7

> **コラム**
>
> ## 複数の項目を含んだstateの書き方
>
> ここまで/register/page.jsと/login/page.jsでは、各データひとつにstateもひとつ用意しました。しかし複数のデータをひとつのstate内にまとめて書くこともできます。リスト7.48は、/register/page.jsのstateをひとつにまとめた書き方です。

▼リスト7.48：app/user/register/page.js

```javascript
const [newUser, setNewUser] = useState({
    name: "",
    email: "",
    password: "",
})
```

この場合、例えばemailにアクセスする時は、newUser.emailと書きます。これまでのところ、stateにデータを書き込むsetName()やsetPassword()などは、<input>の中にインライン形式で書かれています。これをひとつにまとめたいので、handleChangeを作りましょう（リスト7.49）。

▼リスト7.49：app/user/register/page.js

```javascript
import { useState } from "react"

const Register = () => {
    const [newUser, setNewUser] = useState({
        name: "",
        email: "",
        password: "",
    })

    const handleChange = () => {}    // 追加

    const handleSubmit = async(e) => {
        ...
```

そして各<input>をリスト7.50のように修正します。

▼リスト7.50：app/user/register/page.js

```javascript
<input value={newUser.name} onChange={handleChange} 
type="text"name="name" placeholder="名前" required/>

<input value={newUser.email} onChange={handleChange} type="text" 
name="email" placeholder="メールアドレス" required/>

<input value={newUser.password} onChange={handleChange} 
type="text"  name="password" placeholder="パスワード" required/>
```

handleChangeの中で、stateへのデータ書き込みを行います。それぞれのデータ書き込みはsetNewUser()が行うので、リスト7.51のようになります。

▼リスト7.51：app/user/register/page.js

```javascript
const handleChange = (e) => {
        setNewUser({
            ...newUser,
            [e.target.name]: e.target.value,
        })
}
```

ここで使われている...はスプレッド構文といい、複数の項目を含んだnewUserのようなデータのカタマリを分割し、それぞれの項目に新しいデータを書き込む時に使います。

バックエンドに送るデータはすべてnewUserというstateに入っているので、fetch()の中のbodyはリスト7.52のようになります。

▼リスト7.52：app/user/register/page.js

```javascript
body: JSON.stringify(newUser)
```

本書はわかりやすさを優先させているので、次章以降でもこの書き方は使いませんが、このような記法があることも頭の片隅に置いておきましょう。

Chapter8
アイテムページ

本章で開発するのはアイテムに関する操作、「読み取り」「作成」「編集」「削除」を行うページです。終盤では、CSSや画像の設定、レイアウトコンポーネントの作成などを行ってアプリを完成させます。

この章が本書の中でもっともページ数が多く、かつ作業の密度も濃いですが、本章の最後ではついに Next.js アプリができあがるので、完成を楽しみに進めていきましょう。

N01 すべてのアイテムデータを読み取るページ

Chapter8 アイテムページ

すべてのデータを読み取って表示するのは、アプリのトップページです。

下記URLを開いてください。アイテムが複数表示されています（図8.1）。

URL https://nextbook-fullstack-app-folder.vercel.app

▲図8.1：全アイテムのページ

次は下記URLを開いてください。

URL https://nextbook-fullstack-app-folder.vercel.app/item/readsingle/65478ff981349fcd3162bf87

アイテムがひとつだけ表示されています（図8.2）。

▲図8.2：アイテムのページ

このようにアイテムデータの読み取りには、バックエンドと同じように、「すべてのアイテムデータを読み取るページ」と「ひとつだけアイテムデータを読み取るページ」の2種類が必要なのがわかります。

まず「すべてのアイテムデータを読み取るページ」から作りましょう。先ほどのURLを見てください。

URL https://nextbook-fullstack-app-folder.vercel.app

これはトップページのURL、つまり/app/page.jsです。ファイルを開くと第6章で書いたコードがありますが、まずこのページでする作業を考えてみましょう。すでにバックエンド側で「すべてのアイテムデータを読み取る」という機能は作られており、そこには次のURLからアクセスできます。

URL http://localhost:3000/api/item/readall

```
{
    "message": "アイテム読み取り成功（オール）",
    "allItems": [
        {
            "_id": "65508f8979592cd14b76d2e5",
            "title": "メガネ",
            "image": "/img1.jpg",
            "price": "5500",
            "description": "使いやすいメガネです。Lorem ipsum dolor sit amet, consectetur adipiscing elit. Suspendisse maximus est tellus, eget porta leo tristique a. Donec hendrerit massa leo, id tempus dolor vulputate et. Pellentesque consectetur dolor placerat euismod pellentesque. Integer scelerisque, augue ac ullamcorper sodales, neque lectus tristique turpis, id luctus lectus lorem eu tortor. In imperdiet semper accumsan. Etiam pellentesque libero et scelerisque vehicula. Nam quis justo mi. Cras erat ex, rhoncus id blandit id, commodo ac leo. In hac habitasse platea dictumst.",
            "email": "dummy@gmail.com",
            "__v": 0
        },
        {
            "_id": "65508fce79592cd14b76d2e7",
            "title": "色えんぴつ",
            "image": "/img2.jpg",
            "price": "1500",
            "description": "使いやすい色えんぴつです。Lorem ipsum dolor sit amet, consectetur adipiscing elit. Suspendisse maximus est tellus, eget porta leo tristique a. Donec hendrerit massa leo, id tempus dolor vulputate et. Pellentesque consectetur dolor placerat euismod pellentesque. Integer scelerisque, augue ac ullamcorper sodales, neque lectus tristique turpis, id luctus lectus lorem eu tortor. In imperdiet semper accumsan. Etiam pellentesque libero et scelerisque vehicula. Nam quis justo mi. Cras erat ex, rhoncus id blandit id, commodo ac leo. In hac habitasse platea dictumst.",
            "email": "dummy@gmail.com",
            "__v": 0
        },
        {
            "_id": "65508fe679592cd14b76d2e9",
            "title": "リング",
            "image": "/img3.jpg",
            "price": "2200",
            "description": "使いやすいリングです。Lorem ipsum dolor sit amet, consectetur adipiscing elit. Suspendisse maximus est tellus, eget porta leo tristique a. Donec hendrerit massa leo, id tempus dolor vulputate et. Pellentesque consectetur dolor placerat euismod pellentesque. Integer scelerisque, augue ac ullamcorper sodales, neque lectus tristique turpis, id luctus lectus lorem eu tortor. In imperdiet semper accumsan. Etiam pellentesque libero et
```

▲図8.3：すべてのアイテムデータのページ

図8.3のデータを/app/page.jsで読み込めば、アイテムデータをすべてトップページで表示させられそうです。リスト8.1のコードを/app/page.jsに書き加えてください。

▼リスト8.1：app/page.js

```javascript
const getAllItems = () => {}     // 追加

const ReadAllItems = () => {
    return (
        <div>
            <h1 className="h1-style">こんにちは</h1>
            <h3>さようなら</h3>
        </div>
    )
}

export default ReadAllItems
```

getAllItemsにデータ取得コードを書いていきます。リスト8.2のコードを書き加えてください。

▼リスト8.2：app/page.js

```javascript
const getAllItems = async() => {          // 追加
    // ↓追加
    const response = await fetch("http://localhost:3000/api/item/readall")
    const jsonData = await response.json()
    console.log(jsonData)
    // ↑追加
}

const ReadAllItems = () => {
    ...
```

見ればわかる通り、これは先ほど作った/app/user/register/page.jsでのfetch()のコードと基本的には同じです。ここですることはデータの投稿ではなく取得なので、投稿するデータを入れるbodyやheadersの設定は不要です。またmethodも、fetch()ではデータを取得するGETリクエストがデフォルトのため、method: "GET"のような明示は必要ありません。取得したデータが納められているresponseの中身を確認したいので、console.log()も書いてあります。

getAllItemsを実行するために、リスト8.3のコードを書いてください。

▼リスト8.3：app/page.js

```javascript
const getAllItems = async() => {
    const response = await fetch("http://localhost:3000/api/item/readall")
    const jsonData = await response.json()
    console.log(jsonData)
}

const ReadAllItems = () => {
    getAllItems()                         // 追加
    return (
        <div>
            <h1 className="h1-style">こんにちは</h1>
            ...
```

保存したら URL `http://localhost:3000`を開き、デベロッパーツールの「Console」を確認しましょう。ここで、これまでにReact開発の経験のある人は不思議に思うかもしれません。`console.log()`の中身が「Console」に表示されていないからです。しかしターミナルを見ると、図8.4のようにデータが書き出されています。

```
lus, eget porta leo tristique a. Donec hendrerit massa leo, id tempus dolor vulputate et. Pellentesque consectetur dolor placera
ismod pellentesque. Integer scelerisque, augue ac ullamcorper sodales, neque lectus tristique turpis, id luctus lectus lorem eu
or. In imperdiet semper accumsan. Etiam pellentesque libero et scelerisque vehicula. Nam quis justo mi. Cras erat ex, rhoncus id
ndit id, commodo ac leo. In hac habitasse platea dictumst.',
      email: 'dummy@gmail.com',
      __v: 0
  },
  {
      _id: '6550902179592cd14b76d2ef',
      title: 'ノート',
      image: '/img6.jpg',
      price: '1200',
      description: '使いやすいノートです。Lorem ipsum dolor sit amet, consectetur adipiscing elit. Suspendisse maximus est tellu
get porta leo tristique a. Donec hendrerit massa leo, id tempus dolor vulputate et. Pellentesque consectetur dolor placerat euis
pellentesque. Integer scelerisque, augue ac ullamcorper sodales, neque lectus tristique turpis, id luctus lectus lorem eu tortor
 imperdiet semper accumsan. Etiam pellentesque libero et scelerisque vehicula. Nam quis justo mi. Cras erat ex, rhoncus id bland
d, commodo ac leo. In hac habitasse platea dictumst.',
      email: 'dummy@gmail.com',
      __v: 0
  }
 ]
}
```

▲図8.4：ターミナルの表示

　ここからわかることが2つあります。1つ目は、上記のコードですべてのアイテムデータが取得され、それが`jsonData`に入っていること。ふたつ目は、このコンポーネントは「クライアントコンポーネント」ではなく「サーバーコンポーネント」なので、`console.log()`の実行結果がブラウザの「Console」には表示されず、ターミナルにだけ表示されることです。

　ターミナルに書き出されたデータを上にスクロールすると、図8.5のようなところがあります。

```
Success: Connected to MongoDB
{
  message: 'アイテム読み取り成功（オール）',
  allItems: [
    {
      _id: '65f91fa4bd2cae08e57344e9',
      title: 'メガネ',
      image: '/img1.jpg',
      price: '5500',
```

▲図8.5：ターミナルの表示

ここから、{の中にmessageとallItemsの2つのデータが入っているのがわかります（リスト8.4）。

▼リスト8.4：データの構造

```javascript
{
  message: 'アイテム読み取り成功（オール）',
  allItems: [
    {
      _id: '65f91fa4bd2cae08e57344e9',
      title: 'メガネ',
      image: '/img1.jpg',
      ...
```

　必要なデータはallItemsなので、コードをリスト8.5のようにしましょう。

▼リスト8.5：app/page.js

```javascript
const getAllItems = async() => {
    const response = await fetch("http://localhost:3000/api/item/readall")
    const jsonData = await response.json()
    console.log(jsonData)                  // 削除
    const allItems = jsonData.allItems     // 追加
    return allItems                        // 追加
}

const ReadAllItems = () => {
       ...
```

　これでgetAllItemsによって取得されたデータのうち、アイテムデータだけがallItemsに格納されます。リスト8.6のコードで確認してみましょう。ここでは処理を待つawait、そしてasyncも追加しています。

▼リスト8.6：app/page.js

```javascript
const getAllItems = async() => {
    const response = await fetch("http://localhost:3000/api/item/readall")
    const jsonData = await response.json()
    console.log(jsonData)
    const allItems = jsonData.allItems
```

```
        return allItems
}

const ReadAllItems = async() => {        // 追加
    const allItems = await getAllItems() // 追加
    console.log(allItems)                // 追加
    return (
        ...
```

保存したらブラウザで🔗 http://localhost:3000 を開きましょう。そしてターミナルを確認すると、必要なアイテムデータである allItems だけが表示されているのがわかります。

なおNext.jsでは、キャッシュを利用する設定がデフォルトになっています。データ取得のリクエスト回数を抑えて、パフォーマンスを向上させるためです。しかしその結果、データを更新しても直ちに反映されないことがあるので、キャッシュを利用しないよう設定するコードを fetch() のURLの後ろに追加しておきましょう（リスト8.7）。

▼リスト8.7：app/page.js

```javascript
const response = await fetch("http://localhost:3000/api/item/readall",
{cache: "no-store"})   // 追加
```

バックエンドのデプロイ時に書き足したコード revalidate も含め、Next.jsにはさまざまなキャッシュ設定が用意されていますが、ビギナー向けの本書の範囲を超えるためここでは深く立ち入りません。くわしく知りたい方は下記公式サイトを参考にしてください。

🔗 https://nextjs.org/docs/app/building-your-application/caching

次は取得したデータを /app/page.js の return 以下、<div> などのコードが書かれているところで表示しましょう。まずデータの形を確認します。ターミナルに表示されているデータの最初と最後を見てください。最初と最後に [と] が見えます（図8.6、図8.7）。

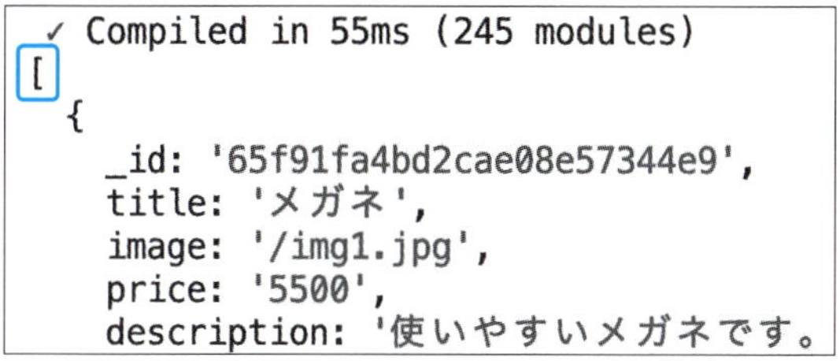

```
✓ Compiled in 55ms (245 modules)
[
  {
    _id: '65f91fa4bd2cae08e57344e9',
    title: 'メガネ',
    image: '/img1.jpg',
    price: '5500',
    description: '使いやすいメガネです。
```
▲図8.6：ターミナルの表示データの最初

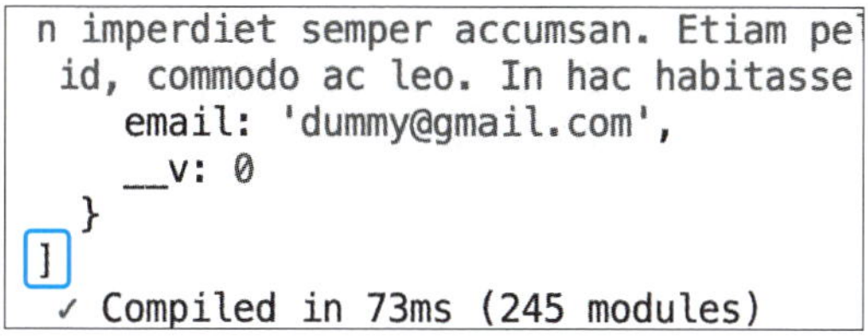

```
n imperdiet semper accumsan. Etiam pe
id, commodo ac leo. In hac habitasse
    email: 'dummy@gmail.com',
    __v: 0
  }
]
✓ Compiled in 73ms (245 modules)
```
▲図8.7：ターミナルの表示データの最後

そして個別のアイテムデータは{と}に挟まれています。つまり、データの構造はリスト8.8のようになっているのがわかります。

▼リスト8.8：アイテムデータの構造

```javascript
[
    { 1つ目のアイテムデータ },
    { 2つ目のアイテムデータ },
    { 3つ目のアイテムデータ },
    { 4つ目のアイテムデータ },
    { 5つ目のアイテムデータ },
    { 6つ目のアイテムデータ },
]
```

今ここでしたいことは、allItemsの[ ]で挟まれた6つのアイテムデータを、ひとつひとつのデータに分けることです。これはJavaScriptのmap()で行います。リスト8.9のコードを書き加えましょう。不要なコードは消しておきます。

▼リスト8.9:app/page.js

```javascript
...
const ReadAllItems = async() => {
    const allItems = await getAllItems()
    console.log(allItems)          // 削除
    return (
        <div>
            <h1 className="h1-style">こんにちは</h1>
            <h3>さようなら</h3>                 // 削除
            {allItems.map(item => )}         // 追加
        </div>
    )
}

export default ReadAllItems
```

　このようにすると`allItems`の[ ]内のデータが分割され、`item`にはその分割された個別のデータが入ります。確認してみましょう。`console.log()`を追加します(リスト8.10)。

▼リスト8.10:app/page.js

```javascript
...
const ReadAllItems = async() => {
    const allItems = await getAllItems()
    return (
        <div>
            <h1 className="h1-style">こんにちは</h1>
            {allItems.map(item => console.log(item))}    // 追加
        </div>
    )
}

export default ReadAllItems
```

　保存してターミナルを確認すると、図8.8、図8.9のように、先ほどまで最初と最後にあった[と]がなくなっているのがわかります。

```
○  ✓ Compiled in 201ms (236 modules)
  {
    _id: '65508f8979592cd14b76d2e5',
    title: 'メガネ',
    image: '/img1.jpg',
    price: '5500',
    description: '使いやすいメガネです。
```

▲図8.8：ターミナルの表示データの最初

```
    description: '使いやすいノートです。
o tristique a. Donec hendrerit massa
r scelerisque, augue ac ullamcorper s
Etiam pellentesque libero et scelerisー
platea dictumst.',
    email: 'dummy@gmail.com',
    __v: 0
}
```

▲図8.9：ターミナルの表示データの最後

　これでitemには分割された個別のアイテムデータが入っているとわかったので、console.log(item)は消して=>と)}の間にリスト8.11のコードを書き、個別のデータを表示させましょう。

▼リスト8.11：app/page.js

```javascript
...

const ReadAllItems = async() => {
    const allItems = await getAllItems()
    return (
        <div>
            <h1 className="h1-style">こんにちは</h1>
            {allItems.map(item =>
                // ↓追加
                <div>
                    <img src={item.image}/>
                    <h2>{item.price}</h2>
                    <h3>{item.title}</h3>
                    <p>{item.description}</p>
                </div>
                // ↑追加
            )}
```

01 すべてのアイテムデータを読み取るページ

229

```
            </div>
        )
}

export default ReadAllItems
```

　ここでターミナルにエラーが出るかもしれませんが、すぐに直すので今は無視してください。

　ここまで、`return`のカッコ内には`<div>`のようなHTMLが使えるので、働きもHTMLとまったく同じであるかのように説明してきましたが、実はそうではありません。このコードはJSXと呼ばれるHTMLよりも高機能のコードで、`{}`で挟むことでJavaScriptのコードを挿入できるようになっています。

　今書いたコードを保存し、ブラウザで🔗 `http://localhost:3000`を開いて確認してみましょう。図8.10のように、取得したすべてのアイテムデータがアイテムごとに分割されて表示されています。

▲図8.10：ブラウザに表示されたアイテム

　ここでターミナルを見ると、「Warning: Each child in a list should have a unique "key" prop.」と警告が出ています（図8.11）。

```
Success: Connected to MongoDB
Warning: Each child in a list should have a unique "key" prop.
```
▲図8.11：警告

　これはmap()で分割した個々のデータには、それぞれにkeyという個別のIDを割り当てる必要があるためです。keyはmap()内で全体を包むタグに付けるので、ここでは`<div>`になります（リスト8.12）。

▼リスト8.12：app/page.js

```javascript
...
        <h1 className="h1-style">こんにちは</h1>
        {allItems.map(item =>
            <div key={item._id}>        // 追加
                <img src={item.image}/>
                ...
```

　これで「すべてのデータを取得して表示する」という機能の面ではほぼ完成です。次に進む前に、表示に関係するタグをいくつか追加しておきましょう。

　まずNext.jsで使える専用タグ、`<Image>`と`<Link>`です。これらはそれぞれHTMLの`<img>`と`<a>`の高機能版といえるもので、特に`<Image>`は手間のかかる画像の最適化を自動で行ってくれるタグです。基本的な使い方は`<img>`、`<a>`と同じですが、違いもあります。

　`<Image>`には、heightとwidthの設定が必要です。publicフォルダを確認してもらうとわかりますが、今回使っているアイテムの画像はすべてタテ500px、ヨコ750pxなので、heightとwidthにはそれぞれ500、750と書きましょう。コードはリスト8.13のようになります。

▼リスト8.13：`<Image>`の書き方の例

```javascript
<Image src="/img1.jpg" width={750} height={500} alt="item-image" priority/>
```

<Image>にはこの他にも設定できる項目があります。くわしくは下記公式ドキュメントを参考にしてください。

URL https://nextjs.org/docs/app/api-reference/components/image#props

<Link>の使い方は<a>と同じです（リスト8.14）。

▼リスト8.14：<Link>の書き方の例

```javascript
<Link href="/contact">コンタクトページ</Link>
```

<Image>と<Link>、およびスタイリングで必要なタグを追加し、同時に「こんにちは」の<h1>タグを削除した全体のコードはリスト8.15のようになります。コードについて3点補足します。

- map()内でコード全体を包むタグが<Link>になったので、keyはそこに移動しています。
- アイテム一覧ページから遷移する個別のアイテムのページはこの後で作るので、hrefは現時点では空欄です。
- descriptionは全文ではなく最初の数行だけを表示させたいので、文字列を切り出すJavaScriptのsubstring()を使い、0から80文字目までを表示するようにしています。

▼リスト8.15：app/page.js

```javascript
import Link from "next/link"
import Image from "next/image"

const getAllItems = async () => {
    const response = await fetch("http://localhost:3000/api/item/readall", 
{cache: "no-store"})
    const jsonData = await response.json()
    const allItems = jsonData.allItems
    return allItems
}
```

```
const ReadAllItems = async() => {
    const allItems = await getAllItems()
    return (
        <div>
            {allItems.map(item =>
                <Link href="" key={item._id}>
                    <Image src={item.image} width={750} height={500} ⏎
alt="item-image" priority/>
                    <div>
                        <h2>¥{item.price}</h2>
                        <h3>{item.title}</h3>
                        <p>{item.description.substring(0, 80)}...</p>
                    </div>
                </Link>
            )}
        </div>
    )
}

export default ReadAllItems
```

02 ひとつだけアイテムデータを読み取るページ

> バックエンド開発時と同じように、ここでも特殊なフォルダ名[id]を使います。

まずは完成形を確認しましょう。下記URLを開いてください。

URL https://nextbook-fullstack-app-folder.vercel.app/item/readsingle/65478ff981349fcd3162bf87

ここで注目したいのは、URL末尾の数字と文字がランダムに並んだ文字列です。

次に、このページへデータを供給しているバックエンドのURLを開きます。このURL末尾の文字列は、今見たフロントエンドのURLの末尾と同じものだとわかります。

URL https://nextbook-fullstack-app-folder.vercel.app/api/item/readsingle/65478ff981349fcd3162bf87

さらにこれらの文字列は、_idの文字列と同じであることもわかります（図8.12）。つまり、フロントエンドとバックエンドのURL末尾、そして_idはすべて同じです。

```
▼ {
    "message": "アイテム読み取り成功（シングル）",
  ▼ "singleItem": {
      "_id": "65478ff981349fcd3162bf87",
      "title": "色えんぴつ",
      "image": "/img2.jpg",
      "price": "1500",
      "description": "使いやすい色えんぴつです。Lorem ipsum dolor sit amet
       hendrerit massa leo, id tempus dolor vulputate et. Pellentesque
```

▲図8.12：データの_id

　次に確認したいのは、ページのURLとファイル名の関係です。ここまでで、appに作ったフォルダとファイルが自動的にページとして割り当てられることがわかっています（`/app/hello/page.js`→`/hello`など）。しかしアイテムページはそれぞれが異なるURLを持っているので、ここでは62551eb14b8a1d3946b7c387やb8a162551eb14d3946bqfqというように、アイテムひとつあたりに個別のフォルダがひとつ必要になるのでしょうか。

　もちろんこのような方法は、アイテムの数だけフォルダも増えていき効率が悪いので、ここではバックエンド開発時にしたように、「アイテムをひとつ表示するページ」という働きを持つ汎用的なひな形フォルダを作り、そこに個別のアイテムデータを流し込んで表示するようにします。

　このようなひな形フォルダには、Next.jsの特別なフォルダ名を使います。バックエンド開発時と同じ方法です。まずわかりやすいように、`item`フォルダの`read`フォルダ名を`readsingle`に変えましょう。そしてその中に`[id]`フォルダを作り、そこに`page.js`を移動してください（図8.13）。

```
∨ app
  > api
  ∨ item
    > create
    > delete
    ∨ readsingle / [id]
      JS page.js
    > update
  > user
```

▲図8.13：[id]フォルダを作成

ここにReactのひな形コードを書きます（リスト8.16）。

▼リスト8.16：app/item/readsingle/[id]/page.js

```javascript
const ReadSingleItem = () => {
    return (
        <h1>個別アイテムページ</h1>
    )
}

export default ReadSingleItem
```

このページをブラウザで表示させますが、/item/readsingle/[id]/page.jsとはどのようなURLになるのでしょうか。バックエンド開発時と同じように、これも/item/readsingle/以降に好きな文字列を打てば表示されます（図8.14、図8.15）。

▲図8.14：ブラウザでの表示　その1

▲図8.15：ブラウザでの表示　その2

　これで/readsingle/[id]/page.jsを表示させる方法がわかりました。次はこのページでアイテムデータを取得して表示させましょう。データ取得の流れは/app/page.jsと基本的に同じです。リスト8.17のコードを書き加えてください。

▼リスト8.17：app/item/readsingle/[id]/page.js

```javascript
const getSingleItem = () => {}    // 追加

const ReadSingleItem = () => {
    return (
        <h1>個別アイテムページ</h1>
    )
}

export default ReadSingleItem
```

　データを取得するfetch()を書きます（リスト8.18）。

▼リスト8.18：app/item/readsingle/[id]/page.js

```javascript
const getSingleItem = () => {
    const response = fetch("")    // 追加
}

const ReadSingleItem = () => {
    ...
```

　ここで考えないといけないのは、バックエンドのどのURLからデータを取得するかです。個別のアイテムデータにアクセスするURLは、次のようにそれぞれ異なります。

URL http://localhost:3000/api/item/readsingle/65508f8979592cd14b76d2e5

URL http://localhost:3000/api/item/readsingle/45508fcfwefewfwffw76d2e7

しかし違うのは`/api/item/readsingle/`以降の文字列だけです。

先ほど確認したように、フロントエンドのURLとバックエンドのURLの末尾の文字列は同じでした。なので、打ち込まれたフロントエンドのURLから末尾の文字列を取得して、`fetch()`のバックエンドのURLに付けてあげれば、必要なアイテムデータを取得できそうです。URL末尾のデータはNext.jsで使える特別なコード`context`の内部、`params`の`id`にあります。確認してみましょう（リスト8.19）。

▼リスト8.19：app/item/readsingle/[id]/page.js

```javascript
const getSingleItem = () => {
    const response = fetch("")
}

const ReadSingleItem = (context) => {      // 追加
    console.log(context)                    // 追加
    return (
        <h1>個別アイテムページ</h1>
    )
}

export default ReadSingleItem
```

保存したら、URL http://localhost:3000/item/readsingle/ の後ろにランダムな文字列を追加して、ブラウザで開きます（図8.16）。

個別アイテムページ

▲図8.16：ブラウザでの表示　その3

そしてターミナルを確認すると、図8.17のように表示されています。

```
✓ Compiled in 94ms (337 modules)
{ params: { id: 'abc123' }, searchParams: {} }
```
▲図8.17：ターミナルの表示

これでURLの末尾は context.params.id で取得できるとわかりました。リスト8.20のコードを書いてgetSingleItemに渡しましょう。console.log()は消します。

▼リスト8.20：app/item/readsingle/[id]/page.js
```javascript
const getSingleItem = () => {
    const response = fetch("")
}

const ReadSingleItem = (context) => {
    console.log(context)           // 削除
    getSingleItem(context.params.id)   // 追加
    return (
        ...
```

渡された context.params.id を受け取りたいので、idをカッコ内に追加します（リスト8.21）。

▼リスト8.21：app/item/readsingle/[id]/page.js
```javascript
const getSingleItem = (id) => {       // 追加
    const response = fetch("")
}

const ReadSingleItem = (context) => {
        ...
```

念のため、このidにURL末尾の文字列が入っているか確認してみましょう。console.log()を書いてください。現時点でURLが入っていないfetch()はエラーが出るので、スラッシュを2つ書いてコメントアウトしてお

きます（リスト8.22）。

▼リスト8.22：app/item/readsingle/[id]/page.js

```javascript
const getSingleItem = (id) => {
    console.log(id)                  // 追加
    // const response = fetch("")   // コメントアウト
}

const ReadSingleItem = (context) => {
    ...
```

図8.16のURLを開くと、ターミナルには図8.18のように表示されます。

```
✓ Compiled in 52ms (285 modules)
abc123
```
▲図8.18：ターミナルの表示

idにURL末尾の文字列が入っているのがわかりました。次はこれをfetch()に使っていきましょう。リスト8.23のようにコードを修正してください。

▼リスト8.23：app/item/readsingle/[id]/page.js

```javascript
const getSingleItem = (id) => {
    console.log(id)           // 削除
    const response = fetch("http://localhost:3000/api/item/readsingle/id")
    // ↑追加
}

const ReadSingleItem = (context) => {
    ...
```

しかしこの書き方には問題があります。文字列を書くダブルクオート(" ")やシングルクオート（' '）の中に、JavaScriptのコードは書けないからです。ここで使うのがバッククオートと${ }です。全体をバッククオートで挟んで、リスト8.24のように書いてください。

▼リスト8.24：app/item/readsingle/[id]/page.js

```javascript
fetch(`http://localhost:3000/api/item/readsingle/${id}`)
```

　バックエンドから受け取って`response`に入ったデータは、JSONに変換する必要があります。またその変換作業はデータ取得が完了してから行うので、`await`、そして`async`をリスト8.25のように書き加えましょう。取得したデータを確認したいので、`console.log()`も書き足してあります。

▼リスト8.25：app/item/readsingle/[id]/page.js

```javascript
const getSingleItem = async(id) => {
    const response = await fetch(`http://localhost:3000/api/item/readsingle/${id}`)
    const jsonData = await response.json()
    console.log(jsonData)
}

const ReadSingleItem = (context) => {
    ...
```

　保存します。個別のアイテムデータを取得できるか確認してみましょう。まず、すべてのアイテムデータが表示されるバックエンドの下記URLをブラウザで開きます。

URL http://localhost:3000/api/item/readall

　この中の任意のアイテムの`_id`をコピーします（図8.19）。

```
▼ {
      "message": "アイテム読み取り成功（オール）",
   ▼ "allItems": [
      ▼ {
            "_id": "65f91fa4bd2cae08e57344e9",
            "title": "メガネ",
            "image": "/img1.jpg",
            "price": "5500",
```

▲図8.19：_idをコピー

そして`URL` http://localhost:3000/item/readsingle/の末尾に貼り付けて開きます（図8.20）。

```
← → C  ⓘ localhost:3000/item/readsingle/65f91fa4bd2cae08e57344e9
```

▲図8.20：ブラウザのURL入力欄

ターミナルを確認すると、`console.log()`でデータが書き出されています（図8.21）。

```
Success: Connected to MongoDB
{
  message: 'アイテム読み取り成功（シングル）',
  singleItem: {
    _id: '65f91fa4bd2cae08e57344e9',
    title: 'メガネ',
    image: '/img1.jpg',
    price: '5500',
    description: '使いやすいメガネです。Lorem ipsum dolor
```

▲図8.21：ターミナルの表示　その1

これで個別のアイテムデータを取得できましたが、よく見ると`message`という項目もあります（図8.22）。

```
Success: Connected to MongoDB
{
  message: 'アイテム読み取り成功（シングル）',
  singleItem: {
    _id: '65f91fa4bd2cae08e57344e9',
    title: 'メガネ',
    image: '/img1.jpg',
    price: '5500',
    description: '使いやすいメガネです。Lorem ipsum dolor
```

▲図8.22：ターミナルの表示　その2

この部分は必要ないので、`console.log()`をリスト8.26のように修正します。

▼リスト8.26：app/item/readsingle/[id]/page.js

```javascript
console.log(jsonData.singleItem)
```

このようにすると個別のアイテムデータだけが表示されます。次はリスト8.27のコードを書き加えて、個別のアイテムデータをブラウザで表示する準備をしましょう。asyncやawait、そしてキャッシュを保存しないようにするコードもfetch()内に書き足してあります。

▼リスト8.27：app/item/readsingle/[id]/page.js

```javascript
const getSingleItem = async(id) => {
    const response = await fetch(`http://localhost:3000/api/item/↵
readsingle/${id}`, {cache: "no-store"})       // 追加
    const jsonData = await response.json()
    console.log(jsonData.singleItem)              // 削除
    const singleItem = jsonData.singleItem        // 追加
    return singleItem                             // 追加
}

const ReadSingleItem = async(context) => {                   // 追加
    const singleItem = await getSingleItem(context.params.id)  // 追加
    console.log(singleItem)                                  // 追加
    return (
        ...
```

保存して、確認のため先ほどと同じURLを開くと、ターミナルには同じようにアイテムデータが書き出されます（図8.23）。

```
Success: Connected to MongoDB
{
  _id: '65f91fa4bd2cae08e57344e9',
  title: 'メガネ',
  image: '/img1.jpg',
  price: '5500',
  description: '使いやすいメガネです。Lorem ipsum dolor
```

▲図8.23：ターミナルに表示されたアイテムデータ

次はこれをブラウザで表示させていきます。作業は、個別のアイテムに分割するmap()がないだけで、/app/page.jsとほぼ同じです。ここでもNext.jsの<Image>を読み込んで使っています。return内をリスト8.28のように変更してください。

▼リスト8.28：app/item/readsingle/[id]/page.js

```javascript
import Image from "next/image"           // 追加

const getSingleItem = async(id) => {
    ...
}

const ReadSingleItem = async(context) => {
    const singleItem = await getSingleItem(context.params.id)
    console.log(singleItem)               // 削除
    return (
        // ↓変更
        <div>
            <div>
                <Image src={singleItem.image} width={750} height={500} alt="item-image" priority/>
            </div>
            <div>
                <h1>{singleItem.title}</h1>
                <h2>¥{singleItem.price}</h2>
                <hr/>
                <p>{singleItem.description}</p>
            </div>
        </div>
        // ↑変更
    )
}

export default ReadSingleItem
```

修正したコードを保存してブラウザを確認すると、アイテムがひとつ表示されています。これでアイテムデータをひとつ取得するページが完成です。

次に進む前に、/app/page.jsとこのページをリンクで結び付けましょう。個別のアイテムページのURLの末尾は、アイテムデータの_idと同じです。また、文字列の中にJavaScriptのコードを書くにはバッククオートと${ }を使う必要があるので、リスト8.29のようになります。

▼リスト8.29：app/page.js

```javascript
...

return (
    <div>
        {allItems.map(item =>        // ↓変更
            <Link href={`/item/readsingle/${item._id}`} key={item._id}>
                <Image src={item.image} width={750} height={500} alt="item-image" priority/>
                ...
```

これでトップページからクリックして、個別のアイテムページへと行けるようになりました。次はアイテムを作成するページを開発しましょう。

03 アイテムデータを作成するページ

> データ投稿機能を開発した後には、Local Storageと連携する機能も追加します。

　アイテムデータの作成とは、ユーザーが入力したデータをバックエンドに渡すことなので、流れとしては前章のユーザー登録ページとほぼ同じだと考えられます。リスト8.30のReactひな形コードを`/app/item/create/page.js`に書きましょう。このコンポーネントはクライアントコンポーネントとして使うので、1行目に`"use client"`を書いてあります。

▼リスト8.30：app/item/create/page.js

```javascript
"use client"

const CreateItem = () => {
    return (
        <div>
            <h1>アイテム作成</h1>
        </div>
    )
}

export default CreateItem
```

　アイテムデータの入力を受け付ける各項目を作ります（リスト8.31）。

▼リスト8.31：app/item/create/page.js

```javascript
"use client"

const CreateItem = () => {
```

```
    return (
        <div>
            <h1>アイテム作成</h1>
            // ↓追加
            <form>
                <input type="text" name="title" placeholder="アイテム名" ⏎
required/>
                <input type="text" name="price" placeholder="価格" required/>
                <input type="text" name="image" placeholder="画像" required/>
                <textarea name="description" rows={15} placeholder=⏎
"商品説明" required></textarea>
                <button>作成</button>
            </form>
            // ↑追加
        </div>
    )
}

export default CreateItem
```

入力された各項目のデータを保管するstateを作ります（リスト8.32）。

▼リスト8.32：app/item/create/page.js

```
"use client"
import { useState } from "react"  // 追加

const CreateItem = () => {
    // ↓追加
    const [title, setTitle] = useState("")
    const [price, setPrice] = useState("")
    const [image, setImage] = useState("")
    const [description, setDescription] = useState("")
    // ↑追加

    return (
        ...
```

<input>と<textarea>に入力されたデータを各stateに保管するので、リスト8.33のコードを加えます。

▼リスト8.33：app/item/create/page.js

```javascript
...

<div>
    <h1>アイテム作成</h1>
    <form>
        // ↓追加
        <input value={title} onChange={(e) => setTitle(e.target.value)} type="text" name="title" placeholder="アイテム名" required/>
        <input value={price} onChange={(e) => setPrice(e.target.value)} type="text" name="price" placeholder="価格" required/>
        <input value={image} onChange={(e) => setImage(e.target.value)} type="text" name="image" placeholder="画像" required/>
        <textarea value={description} onChange={(e) => setDescription(e.target.value)} name="description" rows={15} placeholder="商品説明" required></textarea>
        // ↑追加
        <button>作成</button>
    </form>
</div>

...
```

次は、データの送信処理を行う`handleSubmit`を作って`<form>`と結び付けます（リスト8.34）。

▼リスト8.34：app/item/create/page.js

```javascript
...

    const [image, setImage] = useState("")
    const [description, setDescription] = useState("")

    const handleSubmit = () => {}    // 追加

    return (
        <div>
            <h1>アイテム作成</h1>
            <form onSubmit={handleSubmit}>    // 追加
                <input value={title} onChange={(e) => setTitle(e.target.value)} type="text" name="title" placeholder="アイテム名" required/>
                ...
```

失敗した場合の処理を書くためのtry catch、そしてデータ投稿のための
fetch()も書き足します（リスト8.35）。

▼リスト8.35：app/item/create/page.js

```javascript
...
const [description, setDescription] = useState("")

const handleSubmit = () => {
    // ↓追加
    try{
        fetch("")
    }catch{

    }
    // ↑追加
}

return (
    ...
```

　アイテムデータの投稿先はバックエンドの URL http://localhost:
3000/api/item/createなので、それをfetch()に書きます。データ送信
に関する設定はheadersに書き、送るデータはbodyに置きます。データは
JSON形式で送るので、JSON.stringify()を忘れないようにしましょう（リ
スト8.36）。

▼リスト8.36：app/item/create/page.js

```javascript
...
const handleSubmit = () => {
    try{
        // ↓追加
        fetch("http://localhost:3000/api/item/create", {
            method: "POST",
            headers: {
                "Accept": "application/json",
                "Content-Type": "application/json",
            },
```

```
            body: JSON.stringify({
                title: title,
                price: price,
                image: image,
                description: description
            })
        })
        // ↑追加
    }catch{
        ...
```

　ここで思い出して欲しいことがあります。バックエンドのデータには、`title`、`price`といった項目だけでなく`email`もあることです（図8.24）。

```
▼ {
      "message": "アイテム読み取り成功（オール）",
  ▼   "allItems": [
    ▼   {
            "_id": "65f91fa4bd2cae08e57344e9",
            "title": "メガネ",
            "image": "/img1.jpg",
            "price": "5500",
            "description": "使いやすいメガネです。Lorem ipsum dolor sit amet, consectetur adipiscing elit. Suspendisse maximus est
            tristique a. Donec hendrerit massa leo, id tempus dolor vulputate et. Pellentesque consectetur dolor placerat euism
            scelerisque, augue ac ullamcorper sodales, neque lectus tristique turpis, id luctus lectus lorem eu tortor. In impe
            pellentesque libero et scelerisque vehicula. Nam quis justo mi. Cras erat ex, rhoncus id blandit id, commodo ac leo
            dictumst.",
            "email": "dummy@gmail.com",
            "__v": 0
        },
    ▼   {
            "_id": "65f9203bbd2cae08e57344eb",
            "title": "色えんぴつ",
            "image": "/img2.jpg",
            "price": "1500",
            "description": "使いやすい色えんぴつです。Lorem ipsum dolor sit amet, consectetur adipiscing elit. Suspendisse maximus
            tristique a. Donec hendrerit massa leo, id tempus dolor vulputate et. Pellentesque consectetur dolor placerat euism
            scelerisque, augue ac ullamcorper sodales, neque lectus tristique turpis, id luctus lectus lorem eu tortor. In impe
            pellentesque libero et scelerisque vehicula. Nam quis justo mi. Cras erat ex, rhoncus id blandit id, commodo ac leo
            dictumst.",
            "email": "dummy@gmail.com",
            "__v": 0
        },
```

▲図8.24：emailの項目

　この`email`のデータは、本章の後半で作成する「ユーザーのログイン状態をフロントエンド側で判定するファイル（`useAuth.js`）」から取得します。そのため現時点では、`email`の項目を作り、リスト8.37のように書いておいてください。

▼リスト8.37：app/item/create/page.js

```javascript
    ...
        headers: {
            "Accept": "application/json",
            "Content-Type": "application/json",
        },
        body: JSON.stringify({
            title: title,
            price: price,
            image: image,
            description: description,     // コンマを末尾に追加
            email: "ダミーデータ"           // 追加
        })
    })
}catch{
    ...
```

　データの送信が完了した時にバックエンドから返されるレスポンスを確認したいので、レスポンスデータを格納する response、その response を JSON 形式に変更する json()、そしてブラウザに表示するための alert() を書きましょう（リスト8.38）。

▼リスト8.38：app/item/create/page.js

```javascript
...

const handleSubmit = () => {
    try{    // ↓追加
        const response = fetch("http://localhost:3000/api/item/create", {
            method: "POST",
            headers: {
                "Accept": "application/json",
                "Content-Type": "application/json",
            },
            body: JSON.stringify({
                title: title,
                price: price,
                image: image,
                description: description,
                email: "ダミーデータ"
            })
```

```
        })
        const jsonData = response.json()   // 追加
        alert(jsonData.message)            // 追加
    }catch{
        alert("アイテム作成失敗")   // 追加
    }
    ...
```

このページでは、アイテム作成が成功して`alert()`が表示された後は、トップページへと移動させましょう。Next.jsの用意している`next/navigation`を使います。リスト8.39のコードを書き足してください。

▼リスト8.39：app/item/create/page.js

```javascript
"use client"
import { useState } from "react"
import { useRouter } from "next/navigation"           // 追加

const CreateItem = () => {
    const [title, setTitle] = useState("")
    const [price, setPrice] = useState("")
    const [image, setImage] = useState("")
    const [description, setDescription] = useState("")

    const router = useRouter()                         // 追加

    const handleSubmit = () => {

        ...

        const jsonData = response.json()
        alert(jsonData.message)
        router.push("/")                               // 追加
        router.refresh()                               // 追加
    }catch{
        alert("アイテム作成失敗")
    }
    ...
```

最後に、処理の完了を待つ`await`と`async`、そしてブラウザのリロード（再読み込み）を止める`preventDefault()`を書きます（リスト8.40）。

▼リスト8.40：app/item/create/page.js

```javascript
...
const handleSubmit = async(e) => {    // 追加
    e.preventDefault()                // 追加
    try{                  // ↓追加
        const response = await fetch("http://localhost:3000/api/item/create", {

            ...

        const jsonData = await response.json()  // 追加
        alert(jsonData.message)
        router.push("/")
        router.refresh()
        ...
```

　ここまでは、前章のユーザー登録ページのコードとほぼ同じでした。どちらも「データの入力を受け付けてバックエンドに渡し、成否のレスポンスを受け取る」というページだからです。しかしこのアイテム作成ページが特殊なのは、ログインしているユーザーだけがアイテムの作成を行えるという点です。第4章でも示した図8.25のように、アイテムの作成、編集、削除のリクエストは`middleware.js`を必ず通過し、そこでは有効なトークンを持っているかがチェックされます。

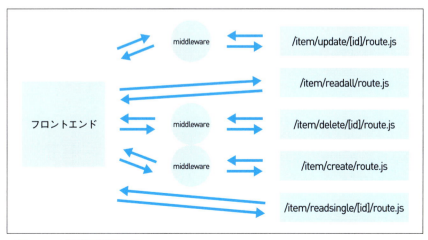

▲図8.25：適用範囲制限の図

そのため、このアイテム投稿ページからバックエンドにデータを送る時には、トークンも一緒に送る必要があります。ここでバックエンド開発で使ったmiddleware.jsの「const token =」以降のコードを見てください。リスト8.41のようなコードが見えます。

▼リスト8.41：middleware.js

```javascript
...

export async function middleware(request){
    const token = "eyJhbGciOiJIUzI1NiJ9.eyJlbWFpbCI6ImR1bW15QGdtYWlsLmNvbSI
sImV4cCI6MTY5OTg2NDczMX0.vrxiu0sIzJ4yiHLObq0luWldkqdAUno5TfU13czanCU"

    //await request.headers.get("Authorization")?.split(" ")[1]

    if(!token){
        ...
```

バックエンド開発時には、取得したトークンをここに直張りしていたのでこのようなコードを使っていましたが、これ以降はトークンとコメントアウトを消し、リスト8.42のように書いてください。

▼リスト8.42：middleware.js

```javascript
...

export async function middleware(request){
    const token = await request.headers.get("Authorization")?.split(" ")[1]

    if(!token){
        ...
```

request.headers.get...のコードから、フロントエンドから送られたリクエストのheadersからトークンを取得しているのがわかります。トークンを付ける場所がfetch()のheadersだとわかったので、リスト8.43のコードを書き加えましょう。

▼リスト8.43：app/item/create/page.js

```javascript
...
const response = await fetch("http://localhost:3000/api/item/create", {
    method: "POST",
    headers: {
        "Accept": "application/json",
        "Content-Type": "application/json",
        "Authorization": `Bearer ${localStorage.getItem("token")}` // 追加
    },
    body: JSON.stringify({
        ...
```

　コードを解説します。トークンを置く`Authorization`を用意することで、`middleware.js`の`request.headers.get("Authorization")`で、この部分が読み取れるようになります。その横のバッククオートは、文字列の中にJavaScriptコードを書くためです。`Bearer`という文字が見えますが、これは慣習的に使われているものなので実は必須ではありません。ログインには本アプリで使っているJSON Web Token（JWT）以外にもトークンを使う方法があり、JWTでは`Bearer`が一般的に使われますが、例えばBasic認証というものでは`Basic`という文字が慣習的に使われます。

　半角スペースと`${`に続いて書かれた`localStorage.getItem()`が、Local Storageからトークンを取得するコードです。`token`と名前のついたデータを取得するため`("token")`となっています。こうやって取得してバックエンドに送られたトークンは、リスト8.44のような形です。

▼リスト8.44：バックエンドに送られたトークン

```javascript
Bearer eyJhbGciOiJIUzI1NiIsInR5cCI6IkpXVCJ9e...
```

　トークンの前に`Bearer`という文字があり、さらに半角スペースが空いているので、`middleware.js`ではこれを取り除いてトークンだけにするために`split(" ")[1]`を付けて整形しています。なお`.split`の前に`?`が付いていますが、これはJavaScriptの「オプショナルチェーン」と呼ばれるものです。

もしAuthorizationという項目自体が存在しない場合（=headersからget()でAuthorizationという項目を取得できない場合）にはエラーが発生するので、それを防止するために付けてあります。これで正しく動くか確かめてみましょう。ここまで加えた変更をすべて保存してください。

まずトークン生成のためにログインをする必要があるので、URL http://localhost:3000/user/loginを開き、データベースに登録してあるメールアドレスとパスワードでログインします。ログイン後は、デベロッパーツールの「Application」からLocal Storageを開いて、トークンが保存されているか確認しましょう。

次にアイテム作成を行うURL http://localhost:3000/item/createを開きます。今回投稿するアイテムデータはダミーなので何を書いてもいいですが、「画像」の項目は必ず「/img7.jpg」と半角で入力してください（図8.26）。

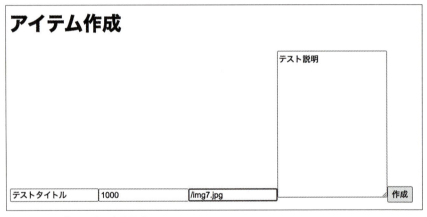

▲図8.26：ダミーデータを入力

「作成」ボタンを押します。「アイテム作成成功」と通知が出てトップページへと移動したら、MongoDBを開いてみましょう。変更を反映させるためにリロードして図8.27のようにデータが入っていたら、作成ページが正しく動いていることになります。

```
_id: ObjectId('6551e937709ecf060be1db94')
title: "テストタイトル"
image: "/img7.jpg"
price: "1000"
description: "テスト説明"
email: "ダミーデータ"
__v: 0
```

▲図8.27：MongoDBに保存されたデータ

04 アイテムデータを編集するページ

> ここが分量の多い本章の折り返し地点になります。もう少しだけ頑張って進めていきましょう。

　最初に完成形を確認します。完成見本のアプリではログインをしないと編集ページを表示できないので、ここではスクリーンショットで示します。

▲図8.28：編集ページの完成見本　その1

　アイテム編集ページは図8.28のように表示されるので、ここで誤字脱字を直したり、文章を変更したりできます。注目して欲しいのは、ユーザーが入力できるように`<input>`と`<textarea>`が使われていること、そしてその中にはデータがすでに入っていることです。下へスクロールすると「編集」というボタンがあります（図8.29）。

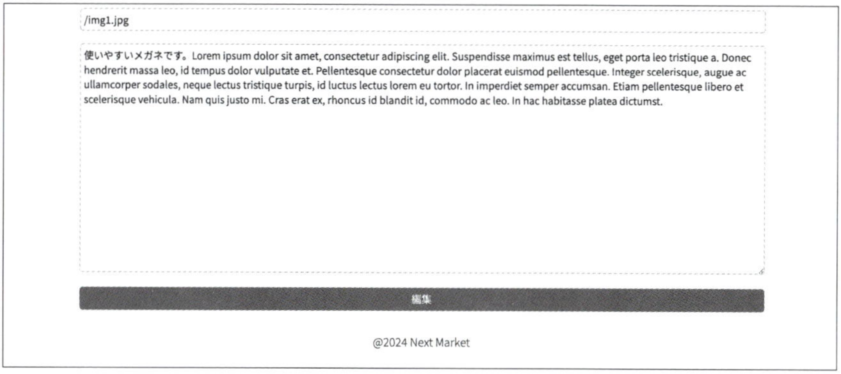

▲図8.29：編集ページの完成見本　その2

　ここを押すとバックエンドの/api/item/update/[id]/route.jsに編集データが送られ、データベースの情報が上書きされて編集が完了します。

　編集ページが最初にしていることは「ひとつだけアイテムデータを読み取る」で、そのデータが<input>と<textarea>で表示されます。そして編集後に「編集」ボタンを押すと、「データを送る」という操作が行われます。これはつまり、今まで作ってきた「ひとつだけアイテムデータを読み取るページ」と、「アイテムデータを作成するページ」を合わせたものです。

　しかしここで思い出してもらいたいのは、「ひとつだけアイテムデータを読み取るページ」はサーバーコンポーネントで、「アイテムデータを作成するページ」はクライアントコンポーネントであったことです。「データの読み取り」と「<form>からのデータの投稿」という操作をAppフォルダ内で実現する方法はいくつかあり、サーバーコンポーネントで全体の枠組みを作り、データの投稿部分だけを切り出してクライアントコンポーネントで作るという方法もひとつの選択肢です。しかし本書ではビギナーの人のわかりやすさを優先させたいので、全体をクライアントコンポーネントで作る方法を取ります。

　最初に確認したいのはフォルダとファイルです。「ひとつだけアイテムデータを読み取るページ」と同じように、アイテムごとにURLの異なる編集ページが必要なので、[id]フォルダを使いましょう。updateフォルダの中に[id]フォルダを作り、その中にpage.jsを移動させてください（図8.30）。

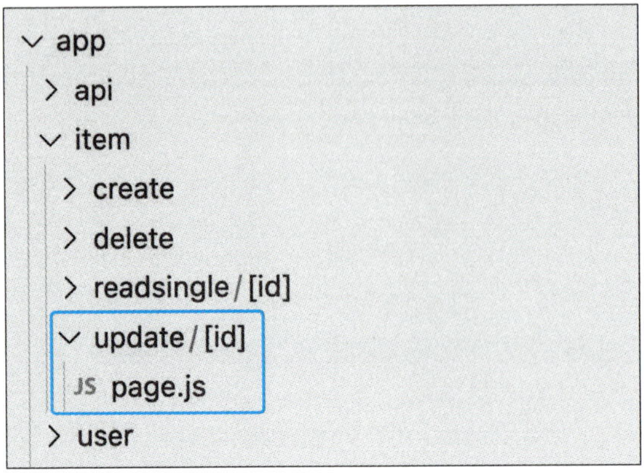

```
∨ app
  > api
  ∨ item
    > create
    > delete
    > readsingle / [id]
    ∨ update / [id]
      JS page.js
  > user
```

▲図8.30：[id]フォルダを作成

　このファイルで実現したいことは「ひとつだけアイテムデータを読み取る」と、「（編集済みの）データを送る」です。後者の「データを送る」というプロセスは/create/page.jsとまったく同じなので、全体をコピーして/update/[id]/page.jsに貼り付けましょう。後ほど、ここに「ひとつだけアイテムデータを読み取る」のコードを書き足していきます（リスト8.45）。

▼リスト8.45：app/item/update/[id]/page.js

```javascript
// ↓貼り付け
"use client"
import { useState } from "react"
import { useRouter } from "next/navigation"

const CreateItem = () => {
    const [title, setTitle] = useState("")
    const [price, setPrice] = useState("")

    ...

            </form>
        </div>
    )
}

export default CreateItem
// ↑貼り付け
```

修正するところがいくつかあります。まずCreateItemの文字をUpdateItemに変えましょう（リスト8.46）。

▼リスト8.46：app/item/update/[id]/page.js

```javascript
"use client"
import { useState } from "react"
import { useRouter } from "next/navigation"

const UpdateItem = () => {         // 変更
    const [title, setTitle] = useState("")
    const [price, setPrice] = useState("")

    ...

            </form>
        </div>
    )
}

export default UpdateItem          // 変更
```

次に「作成」の文字を「編集」に変えましょう（リスト8.47）。

▼リスト8.47：app/item/update/[id]/page.js

```javascript
    ...

        }catch{
            alert("アイテム編集失敗")    // 変更
        }
    }

    return (
        <div>
        <h1>アイテム編集</h1>              // 変更
        <form onSubmit={handleSubmit}>

            ...

            <button>編集</button>          // 変更
        </form>
    </div>
...
```

これで「データを送る」機能はできました。次は「ひとつだけアイテムデータを読み取る」です。しかしこのファイルはクライアントコンポーネントのため、/readsingle/[id]/page.jsとは別の方法でデータを取得する必要があります。ここではReactのuseEffectを使いましょう。リスト8.48のコードを書き加えてください。

▼リスト8.48：app/item/update/[id]/page.js

```javascript
"use client"
import { useState, useEffect } from "react"    // 追加
import { useRouter } from "next/navigation"

const UpdateItem = () => {
    const [title, setTitle] = useState("")
    const [price, setPrice] = useState("")
    const [image, setImage] = useState("")
    const [description, setDescription] = useState("")

    const router = useRouter()

    useEffect(() => {})                          // 追加

    const handleSubmit = async(e) => {
        ...
```

　useEffectは、特定のタイミングで実行したい操作がある時に使います。この編集ページでは、「ページの表示前にアイテムデータを取得する」という操作です。データの取得は、/item/readsingle/[id]/page.jsにあるgetSingleItemと同じコードで可能なので、コピーしてuseEffectの中に貼り付けましょう（リスト8.49）。

▼リスト8.49：app/item/update/[id]/page.js

```javascript
...

const [image, setImage] = useState("")
const [description, setDescription] = useState("")

const router = useRouter()
```

```
useEffect(() => {
    // ↓貼り付け
    const getSingleItem = async(id) => {
        const response = await fetch(`http://localhost:3000/api/item/
readsingle/${id}`, {cache: "no-store"})
        const jsonData = await response.json()
        const singleItem = jsonData.singleItem
        return singleItem
    }
    // ↑貼り付け
})

const handleSubmit = async(e) => {
    ...
```

次に考えたいのは、取得したデータをどうするかです。ここで再び完成見本を確認しましょう（図8.31）。

▲図8.31：編集ページの完成見本

そうすると、編集ページを開いた時点ですでに<input>と<textarea>にデータが書き込まれているのがわかります。<input>と<textarea>のデータはvalueと等しくなり、現在そこにはstateのデータ（title、priceなど）が当てはめられています（リスト8.50）。

▼リスト8.50：app/item/update/[id]/page.js

```javascript
<input value={title} onChange=...
<input value={price} onChange=...
<input value={image} onChange=...
<textarea value={description} onChange=...
```

　つまり取得したデータを各stateに書き込めば、`<input>`と`<textarea>`に表示できそうです。return部分を消し、リスト8.51のコードを書きましょう。

▼リスト8.51：app/item/update/[id]/page.js

```javascript
...

const [image, setImage] = useState("")
const [description, setDescription] = useState("")

const router = useRouter()

useEffect(() => {
    const getSingleItem = async(id) => {
        const response = await fetch(`http://localhost:3000/api/item/readsingle/${id}`, {cache: "no-store"})
        const jsonData = await response.json()
        const singleItem = jsonData.singleItem
        return singleItem                // 削除
        // ↓追加
        setTitle(singleItem.title)
        setPrice(singleItem.price)
        setImage(singleItem.image)
        setDescription(singleItem.description)
        // ↑追加
    }
})

const handleSubmit = async(e) => {
    ...
```

　ここでひとつ追加しておきたいデータがあります。アイテムデータにあるメールアドレスを保管するstateです。これは本章の後半で必要になるので、リスト8.52のコードも書き足しておきましょう。

▼リスト8.52：app/item/update/[id]/page.js

JavaScript

```javascript
...

const [image, setImage] = useState("")
const [description, setDescription] = useState("")
const [email, setEmail] = useState("")        // 追加

const router = useRouter()

useEffect(() => {
    const getSingleItem = async(id) => {
        const response = await fetch(`http://localhost:3000/api/item/
readsingle/${id}`, {cache: "no-store"})
        const jsonData = await response.json()
        const singleItem = jsonData.singleItem
        setTitle(singleItem.title)
        setPrice(singleItem.price)
        setImage(singleItem.image)
        setDescription(singleItem.description)
        setEmail(singleItem.email)            // 追加
    }
})

const handleSubmit = async(e) => {
    ...
```

　getSingleItemを呼び出して実行するコードを書きます。カッコ内には、URL末尾の文字列が入っているcontext.params.idを入れる必要があるので、contextを忘れないようにしましょう。またuseEffectの動作を1回だけに制限する[context]も書き加えてあります（リスト8.53）。

▼リスト8.53：app/item/update/[id]/page.js

JavaScript

```javascript
"use client"
import { useState, useEffect } from "react"
import { useRouter } from "next/navigation"

const UpdateItem = (context) => {        // 追加

        ...
```

```
            setDescription(singleItem.description)
            setEmail(singleItem.email)
        }
        getSingleItem(context.params.id)      // 追加
    }, [context])                              // 追加

    const handleSubmit = async(e) => {
        ...
```

ここで一度、表示を確認してみましょう。変更を保存したら下記URLを開き、任意のアイテムの_idをコピーします。

 URL http://localhost:3000/api/item/readall

それを URL http://localhost:3000/item/update/ の末尾に貼り付けてブラウザで開きましょう。図8.32のように表示されれば、ここまでのコードが正しく動いていることになります。

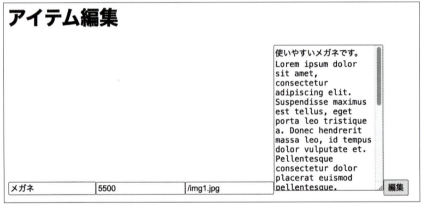

▲図8.32：編集ページの表示

しかしこれでデータを投稿すると、「編集」ではなく「作成」が行われます。fetch()に書かれたデータの送り先のURLが、アイテムデータ作成用のものになっているからです。URLの確認をしましょう。編集データの送り先のバックエンドのURLは下記のようになっており、末尾のXXXには編集したいアイテムの_idが入ります。

URL http://localhost:3000/api/item/update/XXX

これはcontextに入っているので、リスト8.54のように変更します。ここではバッククオートを使っていることに注意してください。またmethodもPUTに変更しましょう。

▼リスト8.54：app/item/update/[id]/page.js

```javascript
...
const handleSubmit = async(e) => {
    e.preventDefault()
    try{
        const response = await fetch(`http://localhost:3000/api/item/update/${context.params.id}`, {    // 変更
            method: "PUT",              // 変更
            headers: {
            ...
```

これで編集ページは完成です。なお、ここで編集できるかテストする時は、リスト8.55のemail: "ダミーデータ"の部分を、編集したいアイテムデータにあるemailで置き換える必要があります。

▼リスト8.55：app/item/update/[id]/page.js

```javascript
    ...
    description: description,
    email: "ダミーデータ"
})
...
```

第4章の最後で追加したコードによって、フロントエンドから送られたメールアドレスと、各アイテムデータのメールアドレスが同じである場合にだけ編集と削除の操作を行えるからです。

現在、編集ページのコード全体はリスト8.56のようになっています。

▼リスト8.56：app/item/update/[id]/page.js

```javascript
"use client"
import { useState, useEffect } from "react"
import { useRouter } from "next/navigation"

const UpdateItem = (context) => {
    const [title, setTitle] = useState("")
    const [price, setPrice] = useState("")
    const [image, setImage] = useState("")
    const [description, setDescription] = useState("")
    const [email, setEmail] = useState("")

    const router = useRouter()

    useEffect(() => {
        const getSingleItem = async(id) => {
            const response = await fetch(`http://localhost:3000/api/item/
readsingle/${id}`, {cache: "no-store"})
            const jsonData = await response.json()
            const singleItem = jsonData.singleItem
            setTitle(singleItem.title)
            setPrice(singleItem.price)
            setImage(singleItem.image)
            setDescription(singleItem.description)
            setEmail(singleItem.email)
        }
        getSingleItem(context.params.id)
    }, [context])

    const handleSubmit = async(e) => {
        e.preventDefault()
        try{
            const response = await fetch(`http://localhost:3000/api/item/
update/${context.params.id}`, {
                method: "PUT",
                headers: {
                    "Accept": "application/json",
                    "Content-Type": "application/json",
                    "Authorization": `Bearer ${localStorage.getItem
("token")}`
                },
                body: JSON.stringify({
                    title: title,
                    price: price,
```

```
                    image: image,
                    description: description,
                    email: "ダミーデータ"
                })
            })
            const jsonData = await response.json()
            alert(jsonData.message)
            router.push("/")
            router.refresh()
        }catch{
            alert("アイテム編集失敗")
        }
    }

    return (
        <div>
            <h1>アイテム編集</h1>
            <form onSubmit={handleSubmit}>
                <input value={title} onChange={(e) => setTitle(e.target.value)} type="text" name="title" placeholder="アイテム名" required/>
                <input value={price} onChange={(e) => setPrice(e.target.value)} type="text" name="price" placeholder="価格" required/>
                <input value={image} onChange={(e) => setImage(e.target.value)} type="text" name="image" placeholder="画像" required/>
                <textarea value={description} onChange={(e) => setDescription(e.target.value)} name="description" rows={15} placeholder="商品説明" required></textarea>
                <button>編集</button>
            </form>
        </div>
    )
}

export default UpdateItem
```

05 アイテムデータを削除するページ

流れは編集ページとほぼ同じです。

最初に削除ページの完成形を確認しましょう。削除ページもログインをしていないと確認できないので、スクリーンショットで示します（図8.33）。

▲図8.33：削除ページの完成見本　その1

下にスクロールすると「削除」ボタンがあり、ここをクリックするとアイテムが削除されます（図8.34）。

▲図8.34：削除ページの完成見本　その2

　削除ページが行う処理を考えてみましょう。アクセスをした時、ページには削除したいアイテムデータが表示されるので、アイテムデータをひとつ読み取る処理が行われていることがわかります。そして「削除」ボタンを押すと、バックエンドで削除を行う/app/api/item/delete/[id]/route.jsで処理が始まりますが、これはデータを投稿しないリクエストといえます。つまり削除ページで行われていることは、「アイテムデータをひとつ読み取る」と「投稿」の処理なので、これは今作った編集ページとほぼ同じです。

　編集ページと同じように、まず[id]フォルダを作りましょう。deleteフォルダ内に[id]フォルダを作り、その中にpage.jsを移動します（図8.35）。

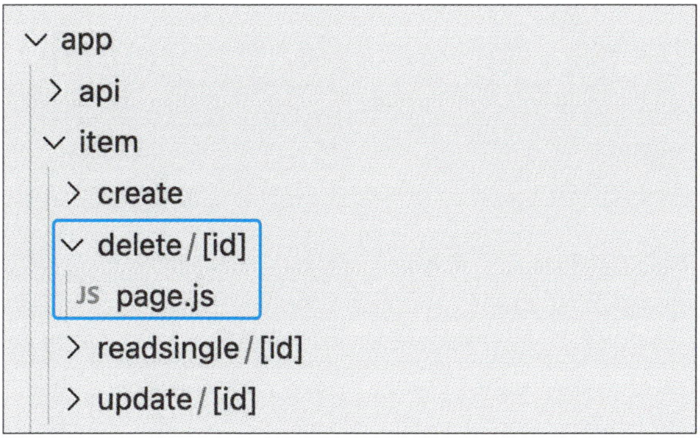

▲図8.35：[id]フォルダを作成

ここに/app/item/update/[id]/page.jsのコードを丸ごとコピーして貼り付けましょう。以下、修正を加えていきます。

削除ページでは、取得したデータの表示に<input>や<textarea>を使う必要はないので、リスト8.57のように変えます。また<Image>を読み込んで使っています。「編集」という文字は「削除」に変えましょう。UpdateItemはDeleteItemに直しておきます。

▼リスト8.57：app/item/delete/[id]/page.js

```javascript
"use client"
import { useState, useEffect } from "react"
import { useRouter } from "next/navigation"
import Image from "next/image"              // 追加

const DeleteItem = (context) => {           // 変更
    const [title, setTitle] = useState("")

    ...

        }catch{
            alert("アイテム削除失敗")   // 変更
        }
    }

    return (
        <div>
            <h1>アイテム削除</h1>       // 変更
            <form onSubmit={handleSubmit}>
                // ↓変更
                <h2>{title}</h2>
                <Image src={image} width={750} height={500} alt=
"item-image" priority/>
                <h3>¥{price}</h3>
                <p>{description}</p>
                // ↑変更
                <button>削除</button>   // 変更
            </form>
        </div>
    )
}

export default DeleteItem               // 変更
```

最後に直すところはhandleSubmit内部です。fetch()のURLはバックエンドで削除を行う/api/item/delete/XXXになるので、/updateを/deleteに直します。

　バックエンドに送るデータですが、ここで行いたいのはアイテムの削除なので、titleやpriceなどを送る必要はありません。しかしバックエンドでは、フロントエンドから送られてきたリクエスト内のemailと、削除するアイテムデータのemailを照合するプロセスがあるので、emailだけは残してバックエンドに送る必要があります。method部分と合わせて、リスト8.58のように変更してください。

▼リスト8.58：app/item/delete/[id]/page.js

```javascript
...
const handleSubmit = async(e) => {
    e.preventDefault()
    try{
        const response = await fetch(`http://localhost:3000/api/item/
delete/${context.params.id}`, {        // 変更
            method: "DELETE",           // 変更
            headers: {
                "Accept": "application/json",
                "Content-Type": "application/json",
                "Authorization": `Bearer ${localStorage.getItem("token")}`
            },
            body: JSON.stringify({
                email: "ダミーデータ"     // このコードは残しておく
            })
        })
        const jsonData = await response.json()
        ...
```

　これで削除ページは完成です。今コード全体はリスト8.59のようになっています。なおここでも、削除を試す時はemailのダミーデータを、アイテムのemailに置き換えて実行してください。また、画像に関するエラーがターミナルやブラウザの「Console」に出ることがありますが、それは最終章で対応するのでそのままで大丈夫です。

▼リスト8.59：app/item/delete/[id]/page.js

```javascript
"use client"
import { useState, useEffect } from "react"
import { useRouter } from "next/navigation"
import Image from "next/image"

const DeleteItem = (context) => {
    const [title, setTitle] = useState("")
    const [price, setPrice] = useState("")
    const [image, setImage] = useState("")
    const [description, setDescription] = useState("")
    const [email, setEmail] = useState("")

    const router = useRouter()

    useEffect(() => {
        const getSingleItem = async(id) => {
            const response = await fetch(`http://localhost:3000/api/item/
readsingle/${id}`, {cache: "no-store"})
            const jsonData = await response.json()
            const singleItem = jsonData.singleItem
            setTitle(singleItem.title)
            setPrice(singleItem.price)
            setImage(singleItem.image)
            setDescription(singleItem.description)
            setEmail(singleItem.email)
        }
        getSingleItem(context.params.id)
    }, [context])

    const handleSubmit = async(e) => {
        e.preventDefault()
        try{
            const response = await fetch(`http://localhost:3000/api/item/
delete/${context.params.id}`, {
                method: "DELETE",
                headers: {
                    "Accept": "application/json",
                    "Content-Type": "application/json",
                    "Authorization": `Bearer ${localStorage.getItem
("token")}`
                },
                body: JSON.stringify({
                    email: "ダミーデータ"
```

```
                })
            })
            const jsonData = await response.json()
            alert(jsonData.message)
            router.push("/")
            router.refresh()
        }catch{
            alert("アイテム削除失敗")
        }
    }

    return (
        <div>
            <h1>アイテム削除</h1>
            <form onSubmit={handleSubmit}>
                <h2>{title}</h2>
                <Image src={image} width={750} height={500} alt=
"item-image" priority/>
                <h3>¥{price}</h3>
                <p>{description}</p>
                <button>削除</button>
            </form>
        </div>
    )
}

export default DeleteItem
```

　最後に、編集ページと削除ページへのリンクを「ひとつだけアイテムデータを読み取るページ」に書き加えましょう。リスト8.60のコードを/readsingle/[id]/page.jsに書き足してください。

▼リスト8.60：app/item/readsingle/[id]/page.js

```javascript
import Image from "next/image"
import Link from "next/link"         // 追加

const getSingleItem = async(id) => {

    ...

                <p>{singleItem.description}</p>
                // ↓追加
```

```
                <div>
                    <Link href={`/item/update/${singleItem._id}`}>🖉
アイテム編集</Link>
                    <Link href={`/item/delete/${singleItem._id}`}>🗑
アイテム削除</Link>
                </div>
                // ↑追加
            </div>
        </div>
    )
}

export default ReadSingleItem
```

06 ページの表示を制限する

> ユーザーのログイン状態によって、表示するページを制限する機能を開発します。

　ここまででフロントエンドに必要なページはすべて完成しました。しかし現時点では、アイテム作成ページ、編集ページ、そして削除ページに誰でもアクセスできてしまう状態です。

　仮にアクセスをされても、第4章の最後で書いたバックエンド側のコードによって、ログインをしていない人はアイテムの読み取りしかできず、またログインをしていても、フロントエンドから送られたメールアドレスと各アイテムデータのメールアドレスが異なる場合には編集と削除の操作ができないようになっているので、大きな問題はないようにも思えます。

　しかしアプリ開発では、バックエンド側の制限だけでなく、フロントエンド側でも制限をかけるのが一般的です。ログインをしていない人にアイテム作成ページを表示しない制限を今から追加しましょう。さらにログインをしていても、そのアイテムの作成者ではない人には編集ページと削除ページを表示しない制限も追加します。

　今から作るのは複数のページで使う機能なので、`utils`フォルダの中に`useAuth.js`ファイルを作り、ここにログイン状態の判定機能と、トークンを解析するコードを書いていきましょう（図8.36）。

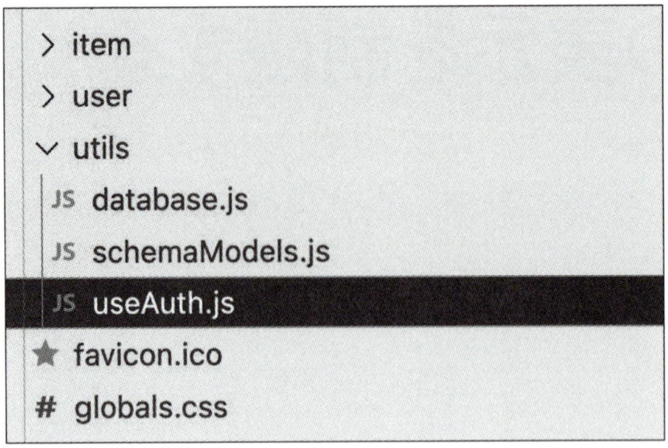

```
 > item
 > user
 ∨ utils
    JS database.js
    JS schemaModels.js
    JS useAuth.js
    ★ favicon.ico
    # globals.css
```

▲図8.36：useAuth.jsファイルを作成

　今から書くのはReactのコードですが、これまで書いてきたものがページ表示に使われるコードであったのに対し、ここでは「ログイン状態を調べる」という特定の機能だけを行うReactコードです。これはカスタムフック（独自フック）と呼ばれます。まずリスト8.61のコードを書きましょう。

▼リスト8.61：utils/useAuth.js

```javascript
const useAuth = () => {}

export default useAuth
```

　このファイルで最初にしたいことは、ユーザーがログインをしているのか調べることです。これはLocal Storageを見ればわかります。トークン（**token**）があればログインしていることになり、なければログインしていないことになるからです。リスト8.62のコードを書き加えましょう。

▼リスト8.62：utils/useAuth.js

```javascript
const useAuth = () => {
    // ↓追加
    const token = localStorage.getItem("token")

    if(!token){

    }
    // ↑追加
```

```
}

export default useAuth
```

!tokenとは「Not token」で、トークンがないということです。トークンがない場合はログインをしてもらいたいので、ログインページに行ってもらいましょう。リスト8.63のコードを書き加えてください。

▼リスト8.63：utils/useAuth.js

```javascript
import { useRouter } from "next/navigation" // 追加

const useAuth = () => {

    const router = useRouter()      // 追加

    const token = localStorage.getItem("token")

    if(!token){
        router.push("/user/login") // 追加
    }
}

export default useAuth
```

次はLocal Storageにトークンがあるユーザーの場合です。この場合、そのトークンが有効かどうかを調べる必要があります。最初に、トークンが有効であるケースと有効でないケースに対応するため、try catchを書き加えましょう。そして有効でないケースでは、ログインページに移動させます（リスト8.64）。

▼リスト8.64：utils/useAuth.js

```javascript
...

    if(!token){
        router.push("/user/login")
    }

    // ↓追加
```

```
    try{
    
    }catch{
        router.push("/user/login")
    }
    // ↑追加
}

export default useAuth
```

　バックエンド開発時と同じように、トークンの有効性を調べるには`jwtVerify()`とシークレットキーが必要です。ここでは`middleware.js`で使っているものと同じシークレットキーが必要なので、`middleware.js`からリスト8.65のコードをコピーしてきましょう。

▼リスト8.65：utils/useAuth.js

```javascript
import { useRouter } from "next/navigation"
import { jwtVerify } from "jose"           // 追加

const useAuth = () => {

    ...

    try{
        const secretKey = new TextEncoder().encode("next-market-app-book")
        // ↑追加
    }catch{
        router.push("/user/login")
    }
}

export default useAuth
```

　そしてトークン解析のコードを書きます（リスト8.66）。

▼リスト8.66：utils/useAuth.js

```javascript
    ...

    if(!token){
```

```
        router.push("/user/login")
    }

    try{
        const secretKey = new TextEncoder().encode("next-market-app-book")
        const decodedJwt = jwtVerify(token, secretKey)      // 追加
    }catch{
        router.push("/user/login")
    }
}

export default useAuth
```

　トークンが有効であればverify()で解析され、有効でない時にはエラーが発生してcatch以降のコードで処理されます。有効なトークンを解析したデータを入れるのがdecodedJwtです。この中には、payloadとしてユーザーのメールアドレスがあるので、後で確認しましょう。

　解析後のデータdecodedJwtに入っているメールアドレスは、「アイテムを作成した人にだけ、編集ページと削除ページを表示させる」という制限に使います。ここで使うファイルは、編集を行う/app/item/update/[id]/page.jsと、削除を行う/app/item/delete/[id]/page.jsです。これらのページへデータを渡すには、まずuseAuth.jsにデータを保管する必要があるので、stateを使います。リスト8.67のコードを書き足してください。

▼リスト8.67：utils/useAuth.js
```javascript
import { useState } from "react"              // 追加
import { useRouter } from "next/navigation"
import { jwtVerify } from "jose"

const useAuth = () => {
    const [loginUserEmail, setLoginUserEmail] = useState("")  // 追加

    const router = useRouter()
    ...
```

解析したトークンの中にあるログインユーザーのメールアドレスを、リスト8.68のコードで`loginUserEmail`の中に書き込みます。

▼リスト8.68：utils/useAuth.js

```javascript
...
    try{
        const secretKey = new TextEncoder().encode("next-market-app-book")
        const decodedJwt = jwtVerify(token, secretKey)
        setLoginUserEmail(decodedJwt.payload.email)          // 追加
    }catch{
        router.push("/user/login")
    }
}

export default useAuth
```

ここまでで`useAuth.js`には、「ログインしているかどうかを調べる機能」、そしてログインをしている場合には「ログインしている人のメールアドレスを保管する機能」ができています。そのため、メールアドレスが保管された`loginUserEmail`をアイテム編集、削除、そして作成ページに渡してあげれば、制限をかけられそうです。

しかしここで考えなければいけないのは、この`useAuth.js`の処理が行われるタイミングです。作成や編集のページにアクセスがあった時、まず最初に`useAuth.js`の処理が行われる必要があります。

ページが表示される前に行いたい処理には`useEffect`を使います。編集ページですでに使ったコードですが、`useEffect`の基本の形はリスト8.69のコードです。

▼リスト8.69：useEffectのコード

```javascript
useEffect(() => {

}, [])
```

useEffectを読み込み、先行して行いたい処理を{}内に書きます。リスト8.70のように追加してください。最後の[]にはrouterを書きます。

▼リスト8.70：utils/useAuth.js

```javascript
import { useState, useEffect } from "react"      // 追加
import { useRouter } from "next/navigation"
import { jwtVerify } from "jose"


    ...

    const router = useRouter()

    useEffect(() => {            // 追加
        const token = localStorage.getItem("token")

        if(!token){
            router.push("/user/login")
        }

        try{
            const secretKey = new TextEncoder().encode("next-market-app-book")
            const decodedJwt = jwtVerify(token, secretKey)
            setLoginUserEmail(decodedJwt.payload.email)
        }catch{
            router.push("/user/login")
        }
    }, [router])                 // 追加
}

export default useAuth
```

一見これで意図通りに動くように見えますが、実は問題があります。その問題はuseAuth.jsを実際に実行しないとわからないので、ここでは言葉の説明となりますが、現在のコードではjwtVerify()がうまく動きません。

middleware.jsを見てください。jwtVerify()の前にawaitがあります。awaitがないと、その下のコードが先に実行されてしまうためです。そのためuseEffect内にawait、そしてasyncを追加する必要があります。しか

し、リスト8.71のような形でuseEffectに直接asyncを付けることはできません。

▼リスト8.71：useEffectにasyncは使用不可

```javascript
useEffect(async() => {...
```

そのためリスト8.72のようにします。

▼リスト8.72：utils/useAuth.js

```javascript
    ...

    useEffect(() => {
        const checkToken = async() => {           // 追加
            const token = localStorage.getItem("token")

            if(!token){
                router.push("/user/login")
            }

            try{
                const secretKey = new TextEncoder().encode("next-market-
app-book")
                const decodedJwt = await jwtVerify(token, secretKey)
                                    // ↑追加
                setLoginUserEmail(decodedJwt.payload.email)
            }catch{
                router.push("/user/login")
            }
        }                       // 追加
        checkToken()            // 追加
    }, [router])
}

export default useAuth
```

これでjwtVerify()が正しく実行されるようになります。最後に、このファイルを処理した結果、つまりログインユーザーのメールアドレスが入っているloginUserEmailを他のファイルで使えるようにするため、リスト8.73

のコードを書き足しましょう。

▼リスト8.73：utils/useAuth.js

```javascript
...
        }catch{
            router.push("/user/login")
        }
      }
      checkToken()
    }, [router])

    return loginUserEmail        // 追加
}

export default useAuth
```

これでuseAuth.jsは完成しました。ファイル全体はリスト8.74のようになっています。

▼リスト8.74：utils/useAuth.js

```javascript
import { useState, useEffect } from "react"
import { useRouter } from "next/navigation"
import { jwtVerify } from "jose"

const useAuth = () => {
    const [loginUserEmail, setLoginUserEmail] = useState("")

    const router = useRouter()

    useEffect(() => {
        const checkToken = async () => {
            const token = localStorage.getItem("token")

            if(!token){
                router.push("/user/login")
            }

            try{
                const secretKey = new TextEncoder().encode("next-market-
app-book")
```

```javascript
                const decodedJwt = await jwtVerify(token, secretKey)
                setLoginUserEmail(decodedJwt.payload.email)
            }catch{
                router.push("/user/login")
            }
        }
        checkToken()
    }, [router])

    return loginUserEmail
}

export default useAuth
```

次はuseAuth.jsをアイテム作成、編集、削除の各ページに読み込んで、ログイン状態によって表示を変えます。まず/create/page.jsで読み込みましょう（リスト8.75）。

▼リスト8.75：app/item/create/page.js

```javascript
"use client"
import { useState } from "react"
import { useRouter } from "next/navigation"
import useAuth from "../../utils/useAuth"    // 追加

const CreateItem = () => {
   ...
```

useAuthの中にあるloginUserEmailが必要なので、リスト8.76のように書きます。

▼リスト8.76：app/item/create/page.js

```javascript
"use client"
import { useState } from "react"
import { useRouter } from "next/navigation"
import useAuth from "../../utils/useAuth"

const CreateItem = () => {
    const [title, setTitle] = useState("")
    const [price, setPrice] = useState("")
```

```javascript
    const [image, setImage] = useState("")
    const [description, setDescription] = useState("")

    const router = useRouter()
    const loginUserEmail = useAuth()       // 追加

    const handleSubmit = async(e) => {
        ...
```

　ここで、`loginUserEmail`にログインユーザーのメールアドレスが入っているか確認してみましょう。`console.log()`を使います（リスト8.77）。

▼リスト8.77：app/item/create/page.js

```javascript
...
    const [description, setDescription] = useState("")

    const router = useRouter()
    const loginUserEmail = useAuth()
    console.log(loginUserEmail)            // 追加

    const handleSubmit = async(e) => {
        ...
```

　変更を保存します。ログインをしていない場合や、トークンの有効期限が切れている場合はログインをしてください。そして URL `http://localhost:3000/item/create`を開き、デベロッパーツールの「Console」を確認すると、ログインユーザーのメールアドレスが表示されています（図8.37）。

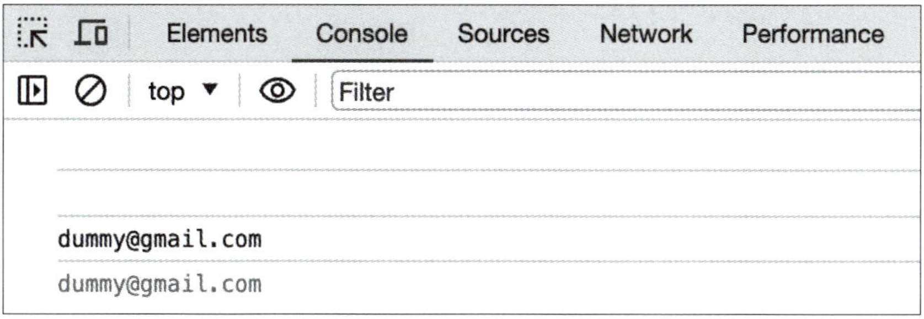

▲図8.37：「Console」の表示

ログインをしている場合、`loginUserEmail`にメールアドレスが入っているとわかりました（ログインをしていない場合やトークンが有効でない場合は、ログインページに移動します）。`console.log(loginUserEmail)`は削除しておきましょう。次は`loginUserEmail`を使って修正を2つします。1つ目は、作成するアイテムデータの`email`部分です（リスト8.78）。

▼リスト8.78：app/item/create/page.js

```javascript
...

body: JSON.stringify({
    title: title,
    price: price,
    image: image,
    description: description,
    email: loginUserEmail      // 変更
})

...
```

　これでログインユーザーのメールアドレスが、アイテムデータと一緒にバックエンドに送られ、データベースに保存されます。

　2つ目はブラウザの表示に関する部分です。リスト8.79のコードを書き足しましょう。

▼リスト8.79：app/item/create/page.js

```javascript
        ...

        alert("アイテム作成失敗")
    }
}

if(loginUserEmail){            // 追加
    return (
        <div>
            <h1>アイテム作成</h1>
            <form onSubmit={handleSubmit}>
                <input value={title} onChange={(e) => setTitle
```

```javascript
(e.target.value)} type="text" name="title" placeholder="アイテム名" required/>
                    <input value={price} onChange={(e) => setPrice
(e.target.value)} type="text" name="price" placeholder="価格" required/>
                    <input value={image} onChange={(e) => setImage
(e.target.value)} type="text" name="image" placeholder="画像" required/>
                    <textarea value={description} onChange={(e) =>
setDescription(e.target.value)} name="description" rows={15} placeholder=
"商品説明" required></textarea>
                    <button>作成</button>
                </form>
            </div>
        )
    }                               // 追加
}

export default CreateItem
```

　これによって`loginUserEmail`にログインユーザーのメールアドレスがある場合にだけ、アイテム作成ページが表示されます。次は編集ページです。同じように冒頭で読み込みます（リスト8.80）。

▼リスト8.80：app/item/update/[id]/page.js

```javascript
"use client"
import { useState, useEffect } from "react"
import { useRouter } from "next/navigation"
import useAuth from "../../../../utils/useAuth"        // 追加

const UpdateItem = (context) => {
    ...
```

　途中までは`/create/page.js`と同じですが、ブラウザの表示に関する条件が少し異なります。まず編集済みデータの`email`部分を修正しましょう（リスト8.81、リスト8.82）。

▼リスト8.81：app/item/update/[id]/page.js

```javascript
...

const [description, setDescription] = useState("")
```

```javascript
const [email, setEmail] = useState("")

const router = useRouter()
const loginUserEmail = useAuth()        // 追加

useEffect(() => {
    ...
```

▼リスト8.82：app/item/update/[id]/page.js

```javascript
body: JSON.stringify({
    title: title,
    price: price,
    image: image,
    description: description,
    email: loginUserEmail          // 変更
})
```

そしてブラウザの表示に関する条件を追加します（リスト8.83）。

▼リスト8.83：app/item/update/[id]/page.js

```javascript
        ...

    }catch{
        alert("アイテム編集失敗")
    }
}

if(loginUserEmail === email){          // 追加
    return (
        <div>
            <h1>アイテム編集</h1>
            <form onSubmit={handleSubmit}>
                <input value={title} onChange={(e) => setTitle↵
(e.target.value)} type="text" name="title" placeholder="アイテム名" required/>
                <input value={price} onChange={(e) => setPrice↵
(e.target.value)} type="text" name="price" placeholder="価格" required/>
                <input value={image} onChange={(e) => setImage↵
(e.target.value)} type="text" name="image" placeholder="画像" required/>
                <textarea value={description} onChange={(e) => ↵
setDescription(e.target.value)} name="description" rows={15} placeholder=↵
"商品説明" required></textarea>
```

```
                    <button>編集</button>
                </form>
            </div>
        )
    }else{                                      // 追加
        return <h1>権限がありません</h1>        // 追加
    }                                           // 追加
}

export default UpdateItem
```

　作成ページはログイン状態であれば誰にでも表示されます。しかし編集ページは、そのアイテムを作った人にだけ表示したいので、「現在ログインしている人のメールアドレス」と「各アイテムデータにある作成者のメールアドレス」を比較して、それが同じ場合にだけ編集ページを表示するようにしています。もし異なる場合には、`else`以下の「権限がありません」が表示される仕組みです。

　最後に削除ページですが、ここには編集ページに追加したコードとまったく同じものを加えるだけです（リスト8.84）。

▼リスト8.84：app/item/delete/[id]/page.js

```javascript
"use client"
import { useState, useEffect } from "react"
import { useRouter } from "next/navigation"
import Image from "next/image"
import useAuth from "../../../../utils/useAuth"    // 追加

const DeleteItem = (context) => {
    const [title, setTitle] = useState("")
    const [price, setPrice] = useState("")
    const [image, setImage] = useState("")
    const [description, setDescription] = useState("")
    const [email, setEmail] = useState("")

    const router = useRouter()
    const loginUserEmail = useAuth()                // 追加

    ...
```

```
                    body: JSON.stringify({
                        email: loginUserEmail        // 追加
                    })
                })
                const jsonData = await response.json()
                alert(jsonData.message)
                router.push("/")
                router.refresh()
            }catch{
                alert("アイテム削除失敗")
            }
        }

        if(loginUserEmail === email){                 // 追加
            return (
                <div>
                    <h1>アイテム削除</h1>
                    <form onSubmit={handleSubmit}>

                        ...

                    </form>
                </div>
            )
        }else{                                         // 追加
            return <h1>権限がありません</h1>          // 追加
        }                                              // 追加
    }

    export default DeleteItem
```

　以上でユーザー関係ページとアイテム関係ページがすべて完成したので、最後はCSSのスタイルや共通コンポーネントを作成していきましょう。

07 スタイルの適用と共通コンポーネント

CSS、ヘッダー、フッターを追加してアプリを完成させましょう。

　下記リンクページ第8章「CSS」のリンクからCSSコードをすべてコピーして、`app`フォルダの`globals.css`に貼り付けてください。`globals.css`には前章で使ったコードが数行ありますが、それはすべて消しましょう。

URL https://monotein.com/books/nextjs-react-book/link-page

　それぞれのファイルに、スタイルを適用するための`className`をリスト8.85からリスト8.91のように追加します。

▼リスト8.85：app/user/register/page.js

```javascript
return (
    <div>
        <h1 className="page-title">ユーザー登録</h1>
        <form onSubmit={handleSubmit}>
```

▼リスト8.86：app/user/login/page.js

```javascript
return (
    <div>
        <h1 className="page-title">ログイン</h1>
        <form onSubmit={handleSubmit}>
```

▼リスト8.87：app/page.js

```javascript
return (
    <div className="grid-container-in">
        {allItems.map(item =>
```

▼リスト8.88：app/item/readsingle/[id]/page.js

```javascript
const ReadSingleItem = async(context) => {
    const singleItem = await getSingleItem(context.params.id)
    return (
        <div className="grid-container-si">
            <div>
```

▼リスト8.89：app/item/create/page.js

```javascript
return (
    <div>
        <h1 className="page-title">アイテム作成</h1>
        <form onSubmit={handleSubmit}>
```

▼リスト8.90：app/item/update/[id]/page.js

```javascript
return (
    <div>
        <h1 className="page-title">アイテム編集</h1>
        <form onSubmit={handleSubmit}>
```

▼リスト8.91：app/item/delete/[id]/page.js

```javascript
return (
    <div>
        <h1 className="page-title">アイテム削除</h1>
        <form onSubmit={handleSubmit}>
```

　最後にヘッダーとフッターを作りましょう。この2つはすべてのページで表示するので、例えばリスト8.92のような形で、各ページのファイルに加えていくこともできます。

▼リスト8.92：app/user/register/page.js

```javascript
<div>
    <header>
        ヘッダーです
    </header>
    <h1 className="page-title">ユーザー登録</h1>
```

```
    ...

    <footer>
        フッターです
    </footer>
</div>
```

しかし、これはまったく同じコードを複数のファイルに書くため効率が悪く、また「ヘッダーの画像を変更する」といった時には、すべてのファイルに変更を加えなければいけなくなり、メンテナンスの面でも問題があります。そのためここでは共通パーツを別に作り、それを必要なページで読み込む方法をとります。appフォルダ内にcomponentsフォルダを作ってください（図8.38）。

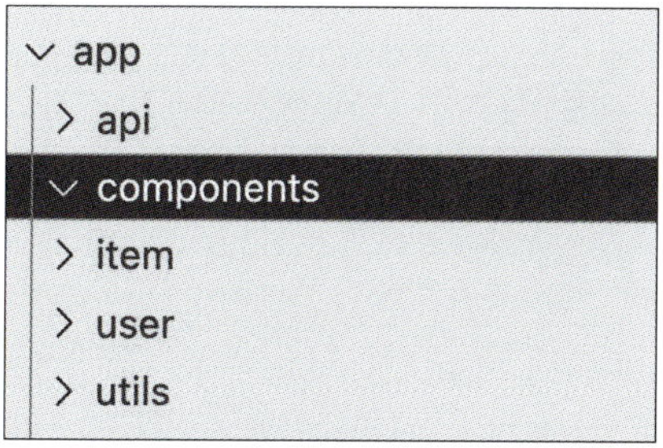

```
∨ app
  > api
  ∨ components
  > item
  > user
  > utils
```

▲図8.38：componentsフォルダの作成

その中にheader.jsとfooter.jsを作ります（図8.39）。

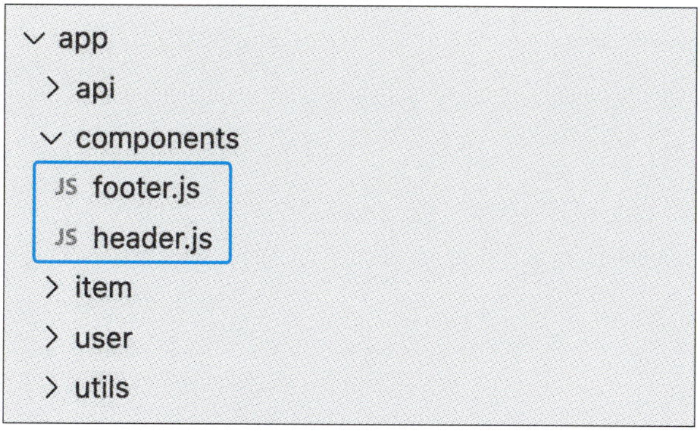

```
∨ app
  > api
  ∨ components
    JS footer.js
    JS header.js
  > item
  > user
  > utils
```

▲図8.39：ファイルheader.jsとfooter.jsの作成

`header.js`にリスト8.93のコードを書きます。

▼リスト8.93：app/components/header.js

```javascript
import Image from "next/image"
import Link from "next/link"

const Header = () => {
    return (
        <header>
            <div>
                <Link href="/">
                    <Image src="/header.svg" width={1330} height={148} alt="header-image" priority/>
                </Link>
            </div>
            <nav>
                <ul>
                    <li><Link href="/user/register">登録</Link></li>
                    <li><Link href="/user/login">ログイン</Link></li>
                    <li><Link href="/item/create">アイテム作成</Link></li>
                </ul>
            </nav>
        </header>
    )
}

export default Header
```

`footer.js`にはリスト8.94のコードを書きます。

▼リスト8.94：app/components/footer.js

```javascript
const Footer = () => {
    return (
        <footer>
            <p>@{new Date().getFullYear()} Next Market</p>
        </footer>
    )
}

export default Footer
```

これを各ページで読み込みますが、方法は2つあります。1つ目は先ほどのように、各ファイルで読み込む方法です（リスト8.95）。

▼リスト8.95：app/user/register/page.js
```javascript
import Header from "../../components/header"
import Footer from "../../components/footer"

...

<div>
    <Header/>
    <h1 className="page-title">ユーザー登録</h1>

    ...

    <Footer/>
</div>
```

2つ目はappフォルダにあるNext.jsの特別なファイル`layout.js`を使う方法です。このファイルには、アプリ全体で適用したいスタイルやコンポーネントなどを書きます。ヘッダーとフッターはすべてのページで表示したいので、今回は`layout.js`を使いましょう。

`layout.js`を開くとすでにコードが書かれてあるので、それをすべて消してリスト8.96のように書き換えてください。

▼リスト8.96：app/layout.js
```javascript
import "./globals.css"
import Header from "./components/header"
import Footer from "./components/footer"

const RootLayout = ({ children }) => {
    return (
        <html lang="en">
            <body>
                <Header/>
                {children}
                <Footer/>
```

```
        </body>
      </html>
  )
}

export default RootLayout
```

　ここまで加えた変更を保存するとアプリが完成です。次章ではこのアプリをオンラインに公開しましょう。

　ここまでのコードは下記URLにあるので、参考にしてください。

URL https://github.com/mod728/nextjs-book-fullstack-app-folder-v2/tree/chapter8

Chapter9
フロントエンドの デプロイ

最初に環境変数を設定し、その後フロントエンドをVercelにデプロイして公開します。

01 バックエンドURLの修正（環境変数の設定）

> 環境変数の設定を行った後、フロントエンドをオンラインで公開します。これでNext.jsアプリが完成です。

　現在フロントエンドからバックエンドへリクエストを送る時のURLは、すべて`http://localhost:3000`から始まっています。これは手元のコンピューターで開発している時には問題ありませんが、Vercelにデプロイをしてネット上に公開すると`localhost`は使えないので、フロントエンドからリクエストを送れなくなります。ここを修正しましょう。

　手作業で各ファイルのURLを変えていく方法もありますが、今回は環境変数を使います。`.env.development`と`.env.production`というファイルを、フォルダのトップ階層（本アプリではappフォルダと同じ階層）に作ってください。.で始まる特殊な名前になっていることに注意しましょう（図9.1）。

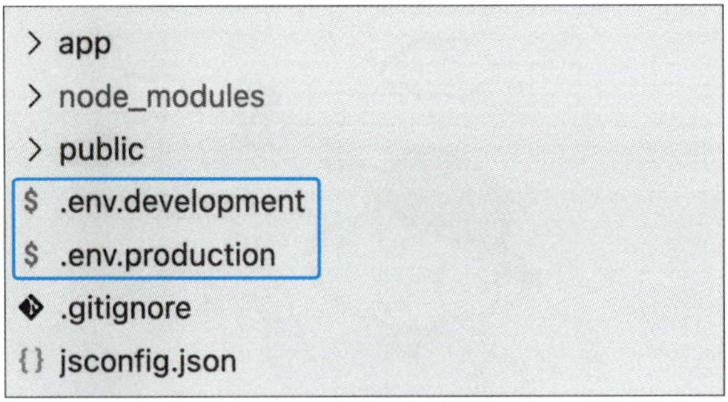

```
> app
> node_modules
> public
$ .env.development
$ .env.production
◆ .gitignore
{} jsconfig.json
```

▲図9.1：環境変数ファイルの作成

「development」とは「開発環境」、つまり手元のパソコンの環境、そして「production」とは「本番環境」、つまりVercelでの環境を意味しています。それぞれのファイルには、開発環境で使うURLとVercelで使うURLを書きます。まず.env.developmentには、リスト9.1のように書いてください。

▼リスト9.1：.env.development

```javascript
NEXT_PUBLIC_URL=http://localhost:3000
```

次は本番環境のURLですが、これはバックエンドをデプロイしたVercel上で確認します。デプロイしたバックエンドの設定ページを開いてください。そうすると図9.2のように、Vercelが自動で割り当てたURLがあります（URLは読者の環境によって異なります）。

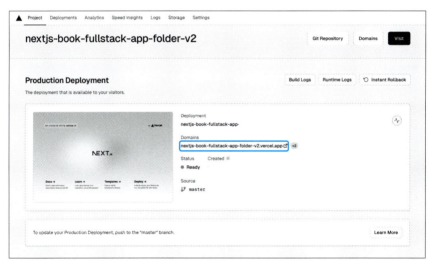

▲図9.2：Vercel設定ページ

URLをコピーして、.env.productionにリスト9.2のように貼り付けます。末尾に/を付けないようにしましょう。

▼リスト9.2：.env.production

```javascript
NEXT_PUBLIC_URL=https://nextjsbook-fullstack-app-folder.vercel.app
```

これで環境変数のファイルは完成です。次は本アプリ内で`http://localhost:3000`というURLが使われているところをすべて置き換えていきますが、その前に環境変数がどのように働くのかを確認しましょう。`/app/page.js`を開き、リスト9.3のコードを書き加えてください。

▼リスト9.3：app/page.js

```javascript
...
const ReadAllItems = async () => {
    console.log(process.env.NEXT_PUBLIC_URL)    // 追加
    const allItems = await getAllItems()
    ...
```

　Next.jsを起動してブラウザで`http://localhost:3000`を開くと、ターミナルに図9.3のように表示されます。

```
✓ Compiled in 72ms (420 modules)
http://localhost:3000
Success: Connected to MongoDB
```

▲図9.3：ターミナルに表示された環境変数の内容

　これで、`process.env.NEXT_PUBLIC_URL`を使えばURLにアクセスできるとわかりました。`/app/page.js`に使った`console.log()`は消しておきましょう。

　`process.env.NEXT_PUBLIC_URL`を使って各ファイルの`http://localhost:3000`を置き換えていきます。なおダブルクオートが使われているところでは、すべてバッククオートに書き換える必要があることに注意しましょう（リスト9.4からリスト9.10）。

▼リスト9.4：app/page.js

```javascript
fetch(`${process.env.NEXT_PUBLIC_URL}/api/item/readall`, {cache: "no-store"})
```

▼リスト9.5：app/item/create/page.js

```javascript
fetch(`${process.env.NEXT_PUBLIC_URL}/api/item/create`, {...
```

▼リスト9.6：app/item/readsingle/[id]/page.js

```javascript
fetch(`${process.env.NEXT_PUBLIC_URL}/api/item/readsingle/${id}`,
{cache: "no-store"})
```

▼リスト9.7：app/item/update/[id]/page.js

```javascript
fetch(`${process.env.NEXT_PUBLIC_URL}/api/item/readsingle/${id}`,
{cache: "no-store"})

fetch(`${process.env.NEXT_PUBLIC_URL}/api/item/update/${context.params.
id}`, {...
```

▼リスト9.8：app/item/delete/[id]/page.js

```javascript
fetch(`${process.env.NEXT_PUBLIC_URL}/api/item/readsingle/${id}`,
{cache: "no-store"})

fetch(`${process.env.NEXT_PUBLIC_URL}/api/item/delete/${context.params.
id}`, {...
```

▼リスト9.9：app/user/register/page.js

```javascript
fetch(`${process.env.NEXT_PUBLIC_URL}/api/user/register`, {...
```

▼リスト9.10：app/user/login/page.js

```javascript
fetch(`${process.env.NEXT_PUBLIC_URL}/api/user/login`, {...
```

　保存したら、ユーザー登録やログイン、アイテム作成、編集などの各機能が正しく動くか確認してください。確認後、GitHubにコミット、プッシュすると、自動でVercelへのデプロイが行われてアプリが公開されます。これでNext.jsのフルスタックアプリが完成です。

なお、GitHubに.env.developmentと.env.productionファイルがプッシュされない場合は、.gitignoreファイルを確認してください。ここに「.env*」のようなプッシュを無視（ignore）するコードがあると、「.env」で始まる名前のファイルはGitHubに反映されません。このコードは消して再度GitHubへのプッシュを行ってください。

ここまでのコードは下記URLにあるので、参考にしてください。

URL https://github.com/mod728/nextjs-book-fullstack-app-folder-v2/tree/chapter9

コラム

ReactとNext.jsの密な関係

Next.jsバージョン13から導入されたappフォルダ内では、サーバーコンポーネントがデフォルトになっています。しかし現在のReactの最新バージョン18では、サーバーコンポーネントはまだ実験段階としてしか提供しておらず、本格提供になるのは次期バージョンのReact 19からです。本家では採用されていないテクノロジーが、なぜ「Reactフレームワーク」であるNext.jsではデフォルトになっているのでしょうか。

実は近年、Reactの開発チームとNext.jsの開発元Vercel社はとても近い協働関係にあり、React開発チームのメンバーの多くがVercel社に移動しているといいます。本家Reactではまだ安定版となっていない機能がNext.jsに先駆けて導入されている理由の一端は、ここにあると考える人もいます。この結果として、VercelおよびReact開発チームは、サーバーコンポーネントを含むさまざまな新しいテクノロジーが本番環境で使われた時の実践データを集められ、それをReact開発にフィードバックすることができます。一方で、実験的機能をデフォルトとして提供するNext.jsの姿勢に対し、不満を覚えているエンジニアも少なからずいるようです。

Chapter10
ブラッシュアップ

本章では、前章まで開発してきたアプリの完成度を高めましょう。画像アップロード機能の開発やローディングの追加、メタデータの設定方法を紹介します。

01 画像のアップロード機能の開発

> 画像アップロード機能をアプリに追加して、ユーザーが好きな画像を保存できるようにしましょう。

前章まで開発してきたアプリのアイテムの写真には、`public`フォルダの画像を使っていました。しかしこれでは、ユーザーは好きな写真をアプリに表示させられないので、クラウドサービスのCloudinaryを使って、画像アップロード機能をアプリに追加しましょう。

最初にCloudinaryのユーザー登録をします。下記URLにアクセスし、右上の「SIGN UP FOR FREE」をクリックしてください（図10.1）。

URL https://cloudinary.com

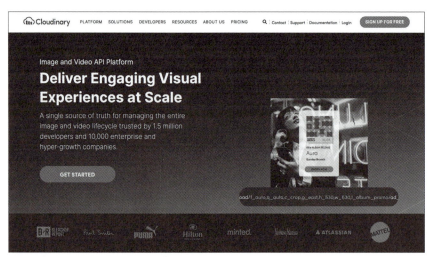

▲図10.1：Cloudinary トップページ

Googleアカウントなどでも登録はできますが、ここではメールアドレスを使いたいので「SIGN UP WITH EMAIL」を選びましょう。名前、メールアドレス、パスワードを入力します。「I'm not a robot」にチェックを入れて、「GET STARTED NOW」を押します。認証メールを送信した通知が出るので、メールの受信フォルダを確認してメールアドレスの認証を済ませましょう。

　認証メールをクリックしてログインすると、ダッシュボード画面に移ります。ここで表示されている図10.2の「cloud_name」は後で必要なので、どこかにコピーしておいてください。

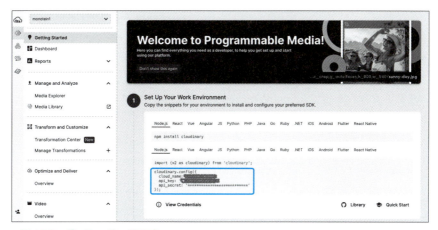

▲図10.2：ダッシュボード画面

　左のメニューバー下部にある歯車のアイコンをクリックします（図10.3）。

▲図10.3：歯車アイコン

画像アップロードの設定をする「Upload」をクリックします（図10.4）。

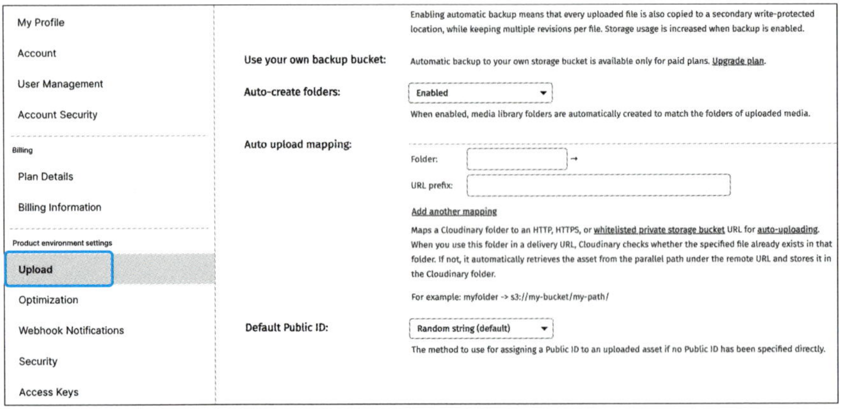

▲図10.4：画像アップロード画面

　下にスクロールして「Enable unsigned uploading」をクリックし、サインインしていないユーザーでも画像をアップロードできるようにします（図10.5）。

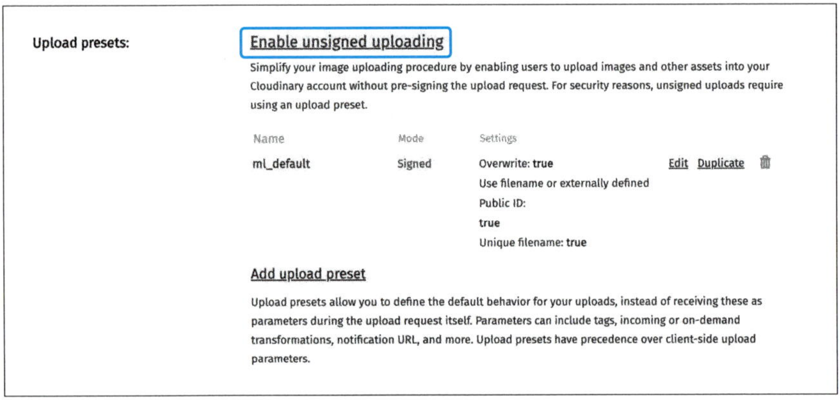

▲図10.5：「Enable unsigned uploading」をクリック

　クリックすると「Unsigned」の項目が追加されます。次はその下の「Add upload preset」をクリックしましょう（図10.6）。

▲図10.6：「Add upload preset」をクリック

図10.7の「Signing Mode」を「Unsigned」に変えます。その上にある「Upload preset name」は、どこかにコピーしておいてください。この「Upload preset name」は自分の好きなものに変えられますが、ここではデフォルトのもので進めます。最後に上部の「Save」ボタンを押しましょう。

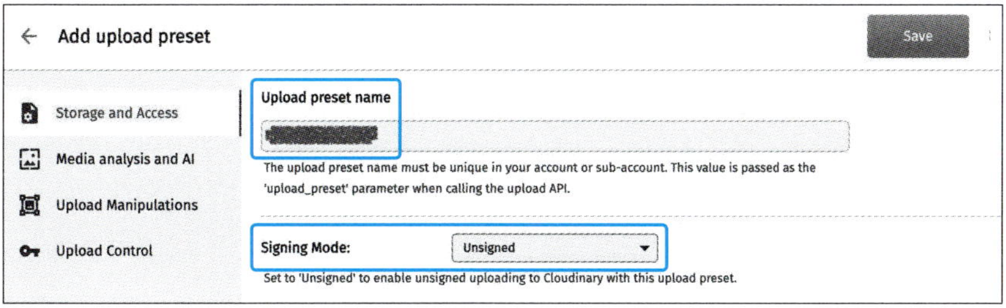

▲図10.7：「Signing Mode」と「Upload preset name」

以上でCloudinaryの設定は終了です。次はここに画像をアップロードするための機能をアプリに用意しましょう。

アップロード機能を作る場所はバックエンドとフロントエンド、両方で可能です。しかし本アプリのバックエンド側にその機能を追加すると、複数のファイルでコード変更が必要になるので、ここでは作業量が少なく済むフロントエンド側に画像アップロード機能を作ります。

309

画像アップロードを行うコンポーネントを用意しましょう。componentsフォルダにimgInput.jsを作ってください（図10.8）。

```
∨ app
  > api
  ∨ components
    JS footer.js
    JS header.js
    JS imgInput.js
  > item
```

▲図10.8：imgInput.jsを作成

imgInput.jsにリスト10.1のコードを書いてください。ここで使われているのはtry catch、awaitなど本書で何度も出てきたコードです。try文の中がCloudinaryへアップロードするためのコードになっているので、リスト10.2のように各自のアカウント情報に応じて直してください。

▼リスト10.1：app/components/imgInput.js

```javascript
import { useState } from "react"

const ImgInput = (props) => {
    const [imageFile, setImageFile] = useState("")

    const handleClick = async() => {
        try{
            const data = new FormData()
            data.append("file", imageFile)
            data.append("upload_preset", "upclpe2")
            data.append("cloud_name","6fs9n32")
            const response= await fetch("https://api.cloudinary.com/v1_1/6fs9n32/image/upload", {method: "POST", body: data})
            const jsonData = await response.json()
            await props.setImage(jsonData.url)
            alert("画像アップロード成功")
        }catch{
            alert("画像アップロード失敗")
        }
```

```
    }
    return (
        <div className="img-input">
            <input type="file" onChange={(e)=> setImageFile(e.target.files[0])} accept="image/png, image/jpg"/>
            <button onClick={handleClick} disabled={!imageFile}>画像Upload</button>
        </div>
    )
}

export default ImgInput
```

▼リスト10.2：imgInput.jsの修正個所

```javascript
data.append("upload_preset", "upclpe2")    // 先ほどコピーした
「Upload preset name」に変更してください。ここでは"upclpe2"となっています。
data.append("cloud_name", "6fs9n32")    // 先ほどコピーした「Cloud name」に
変更してください。ここでは"6fs9n32"となっています。
const response= await fetch("https://api.cloudinary.com/v1_1/6fs9n32/image/
upload"    // "/v1_1/"と"/image/upload"の間に「Cloud name」を書いてください。
ここでは"6fs9n32"となっています。
```

imgInput.jsをapp/item/create/page.jsで読み込み、リスト10.3のように書きます。

▼リスト10.3：app/item/create/page.js

```javascript
"use client"
import { useState } from "react"
import { useRouter } from "next/navigation"
import useAuth from "../../../utils/useAuth"
import ImgInput from "../../../components/imgInput"    // 追加

const CreateItem = () => {

    ...

    if(loginUserEmail){
        return (
            <div>
                <h1 className="page-title">アイテム作成</h1>
```

```
<ImgInput setImage={setImage}/>  // 追加
<form onSubmit={handleSubmit}>
...
```

　ここでは`imgInput.js`に`setImage`をpropsとして渡し、画像のアップロードが完了すると`imgInput.js`でstateのimageが更新されるようになっています。

　ここまでに加えた変更を保存しましょう。URL http://localhost:3000/item/createを開くと、画像をアップロードする部分が表示されています。好きな画像を選択して「画像Upload」ボタンを押すと、Cloudinaryに画像がアップロードされます（ここで画像を選択するポップアップ画面が表示されない場合は、ブラウザを再起動させてください）。成功すると「画像アップロード成功」と表示され、`<input>`欄にはアップロードした画像のURLが図10.9のように表示されます。表示されない場合は何らかのエラーが発生している可能性があるので、ブラウザの「Console」を確認してください。

▲図10.9：アップロードした画像のURL

　これで画像アップロードの機能は完成ですが、ここまで本アプリでは`public`フォルダ内の画像を使っていたため、MongoDBには`/img2.jpg`のように、`public`フォルダに対するパスが保存されています。これをCloudinaryに保存した画像のURLで置き換えたいので、アイテム作成ページ（`/app/`

item/create/page.js）からpublicフォルダ内の画像をすべてCloudinary
にアップロードしてください。ここでは画像をアップロードしてURLを取得
できればいいだけなので、「アイテム作成」ボタンを押してMongoDBにデータ
を書き込む必要はありません。

　画像アップロード後に<input>に表示されるURLは、どこかにコピーして
おいてください。この作業を画像の枚数分繰り返します。

　次はMongoDBへ行き、各アイテムデータのimageの項目を、今取得した
CloudinaryのURLで置き換えます。ペンのアイコンの「Edit document」ボタ
ンを押して編集状態にし、URLを置き換えたあと、「UPDATE」ボタンを押し
ましょう（図10.10）。

▲図10.10：MongoDBのimageデータ

　これでデータベースの画像のパスはすべてCloudinaryのURLになりました。
Next.jsの<Image>で外部URLの画像を表示させるには設定が必要なので、
next.config.mjsにリスト10.4のコードを加えましょう。

▼リスト10.4：next.config.mjs

```javascript
/** @type {import('next').NextConfig} */
const nextConfig = {
    // ↓追加
    images: {
        remotePatterns: [
            {
                hostname: "res.cloudinary.com"
            }
        ]
```

```
    }
    // ↑追加
};

export default nextConfig;
```

保存してください。これで画像のアップロード機能が完成です。

02 ローディング

アプリの処理の実行中にローディングを表示するようにします。

アイテムの編集と削除のページを開く時、ログインユーザーであっても一瞬だけ「権限がありません」と表示されてしまいます。これを防ぐためにローディング機能を追加しましょう。編集ページにリスト10.5のコードを書き加えてください。

▼リスト10.5：app/item/update/[id]/page.js

```javascript
"use client"
import { useState, useEffect } from "react"
import { useRouter } from "next/navigation"
import useAuth from "../../../utils/useAuth"

const UpdateItem = (context) => {
    const [title, setTitle] = useState("")
    const [price, setPrice] = useState("")
    const [image, setImage] = useState("")
    const [description, setDescription] = useState("")
    const [email, setEmail] = useState("")
    const [loading, setLoading] = useState(false)     // 追加

    const router = useRouter()
    const loginUserEmail = useAuth()

    useEffect(() => {

      ...

            setEmail(singleItem.email)
            setLoading(true)                          // 追加
        }
        getSingleItem(context.params.id)
```

```javascript
        }, [context])

        const handleSubmit = async(e) => {

            ...

            if(loading){                                // 追加
                if(loginUserEmail === email){
                    return (
                        <div>

                            ...

                        </div>
                    )
                }else{
                    return <h1>権限がありません</h1>
                }
            }else{                                      // 追加
                return <h1>ローディング中...</h1>           // 追加
            }                                           // 追加
        }

        export default UpdateItem
```

loadingのデフォルトstateのfalseがtrueになるのは、useEffectでデータ取得が完了した時です。そのためデータを取得している間は、ブラウザに「ローディング中…」と表示されます。同じコードを削除ページにも書きましょう（リスト10.6）。

▼リスト10.6：app/item/delete/[id]/page.js

```javascript
"use client"
import { useState, useEffect } from "react"
import { useRouter } from "next/navigation"
import Image from "next/image"
import useAuth from "../../../../utils/useAuth"

const DeleteItem = (context) => {
    const [title, setTitle] = useState("")
    const [price, setPrice] = useState("")
    const [image, setImage] = useState("")
```

```
        const [description, setDescription] = useState("")
        const [email, setEmail] = useState("")
        const [loading, setLoading] = useState(false)        // 追加

        const router = useRouter()
        const loginUserEmail = useAuth()

        useEffect(() => {

            ...

                setEmail(singleItem.email)
                setLoading(true)                  // 追加
            }
            getSingleItem(context.params.id)
        }, [context])

        const handleSubmit = async(e) => {

            ...

        if(loading){                              // 追加
            if(loginUserEmail === email){
                return (
                    <div>
                        <h1 className="page-title">アイテム削除</h1>
                        <form onSubmit={handleSubmit}>
                            <h2>{title}</h2>
                            <Image src={image} width={750} height={500}
alt="item-image" priority/>
                            <h3>¥{price}</h3>
                            <p>{description}</p>
                            <button>削除</button>
                        </form>
                    </div>
                )
            }else{
                return <h1>権限がありません</h1>
            }
        }else{                                    // 追加
            return <h1>ローディング中...</h1>       // 追加
        }                                         // 追加
}

export default DeleteItem
```

02 ローディング

これで「権限がありません」と表示されることはなくなり、また削除画面で「Console」に出ていた画像に関するエラーメッセージも出なくなります。

03 メタデータの設定方法

> Next.jsのメタデータの設定方法を2つ紹介します。まずは簡単な方から見ていきましょう。

　メタデータとはブラウザのタブに表示されるページタイトルや、ページ概要の書かれたdescriptionのことで、SEOのためには非常に重要なデータです。本アプリではここまで何もメタデータの設定をしておらず、ブラウザのタブにはURLが直接表示されているので、ここを修正しましょう。

　方法は2つあります。1つ目は`<title>`タグや`<meta>`タグを直接書き込む方法です。ログインページを例に取ると、リスト10.7のようになります。

▼リスト10.7：app/user/login/page.js

```javascript
...
return (
    <div>
        <title>ログインページ</title>                          // 追加
        <meta name="description" content="ログインページです"/>  // 追加
        <h1 className="page-title">ログイン</h1>
        <form onSubmit={handleSubmit}>
        ...
```

　データによって表示の変わるページでは、リスト10.8のように書けます。

▼リスト10.8：app/item/readsingle/[id]/page.js

```javascript
...
const ReadSingleItem = async(context) => {
    const singleItem = await getSingleItem(context.params.id)
    return (
```

```
        <div className="grid-container-si">
            <title>{singleItem.title}</title>                    // 追加
            <meta name="description" content={singleItem.description}/>
            // 追加
            <div>
            ...
```

　以上紹介した1つ目の設定方法はシンプルなので、完成見本コードはこちらだけを使って書いてあります。

　2つ目の方法はやや発展的で、Next.jsのメタデータ設定コードを使うものですが、気を付けないといけない点があります。「サーバーコンポーネントでしか使えない」という制約のあることです。本アプリには"use client"の付いたクライアントコンポーネントが多数あるので、このメタデータ設定コードを使うには、これらをすべてサーバーコンポーネントにする必要があります。

　このように書くと複雑に聞こえますが、することは単純です。「クライアントコンポーネントをサーバーコンポーネントに読み込む」ということだけです。完成見本コードにはありませんが、実際に見ていきましょう。ここでは登録ページを例に使います。

　`app/user/register`フォルダに新しいファイルを作ってください。ここでは`myPage.js`としていますが、ファイル名は何でも大丈夫です（図10.11）。

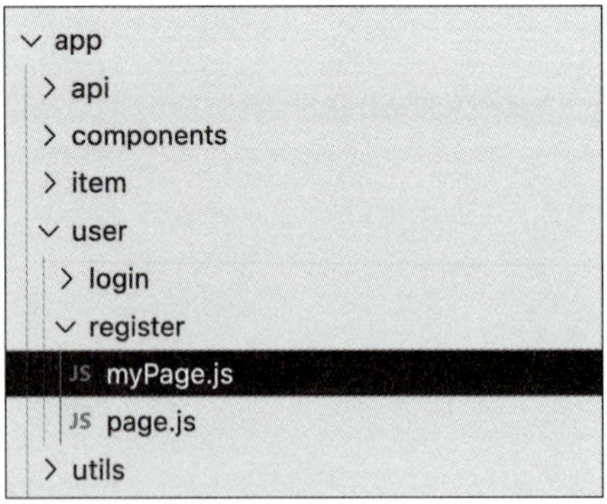

```
∨ app
  > api
  > components
  > item
  ∨ user
    > login
    ∨ register
      JS myPage.js
      JS page.js
  > utils
```

▲図10.11：myPage.jsの作成

app/user/register/page.jsのコードを丸ごとコピーし、myPage.jsに貼り付けてください（図10.12）。

```js
"use client"
import { useState } from "react"

const Register = () => {
    const [name, setName] = useState("")
    const [email, setEmail] = useState("")
    const [password, setPassword] = useState("")

    const handleSubmit = async(e) => {
        e.preventDefault()
        try{
            const response = await fetch(`${process.env.NEXT_PUBLIC_URL}/api/user/register`, {
                method: "POST",
                headers: {
                    "Accept": "application/json",
                    "Content-Type": "application/json"
                },
                body: JSON.stringify({
                    name: name,
                    email: email,
                    password: password
                })
            })
```

▲図10.12：myPage.jsに貼り付けたコード

次にapp/user/register/page.jsのコードをすべて消し、リスト10.9のコードを書いてください。

▼リスト10.9：app/user/register/page.js

```javascript
import MyPage from "./myPage"

const Register = () => {
    return <MyPage/>
}

export default Register
```

クライアントコンポーネントであるmyPage.jsを読み込んでreturnしているだけですが、これで登録ページはサーバーコンポーネントになりました。npm run devで起動して確認しても、動きは以前と同じだとわかります。ここに、メタデータを設定するリスト10.10のコードを書きましょう。

▼リスト 10.10：app/user/register/page.js

```javascript
import MyPage from "./myPage"

// ↓追加
export const metadata = {
    title: "登録ページ",
    description: "これは登録ページです",
}
// ↑追加

const Register = () => {
    return <MyPage/>
}

export default Register
```

保存すると、ブラウザのタブに「登録ページ」と表示されます。

アイテムデータによって表示が異なる/readsingle/[id]/page.jsなどには、リスト10.11のコードを使います。

▼リスト 10.11：app/item/readsingle/[id]/page.js

```javascript
import Image from "next/image"
import Link from "next/link"

// ↓追加
export async function generateMetadata(context){
    const singleItem = await getSingleItem(context.params.id)
    return {
        title: singleItem.title,
        description: singleItem.description
    }
}
// ↑追加

const getSingleItem = async(id) => {
    ...
```

「クライアントコンポーネントであり、かつデータによって表示が異なる」という編集ページや削除ページには、上記2つの方法を合わせて使います。編集ページを例に使うので、app/item/update/[id]フォルダにmyPage.jsを作ってください（図10.13）。

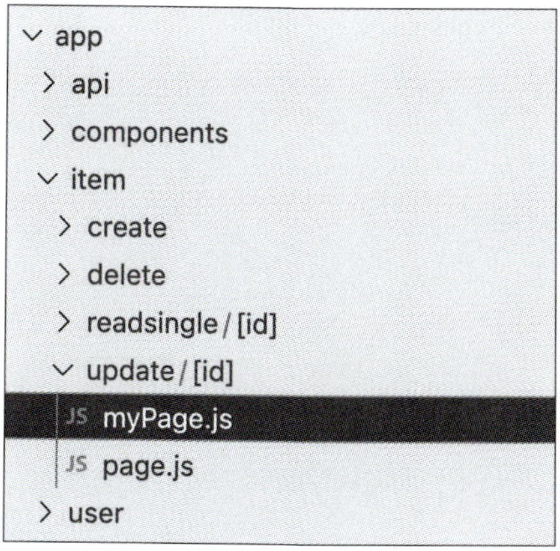

```
∨ app
  > api
  > components
  ∨ item
    > create
    > delete
    > readsingle / [id]
    ∨ update / [id]
      JS myPage.js
      JS page.js
  > user
```

▲図10.13：myPage.jsの作成

　app/item/update/[id]/page.jsのコードを丸ごとコピーし、myPage.jsに貼り付けてください。次にapp/item/update/[id]/page.jsを、リスト10.12のコードで書き換えます。

▼リスト10.12：app/item/update/[id]/page.js
```javascript
import MyPage from "./myPage"

const UpdateItem = (context) => {
    return <MyPage {...context}/>
}

export default UpdateItem
```

　編集操作で必要なcontextをmyPage.jsに渡しています。...はレストオペレーターという記法です。ここにメタデータを設定するリスト10.13のコードを書き加えましょう。

▼リスト10.13：app/item/update/[id]/page.js

```javascript
import MyPage from "./myPage"

// ↓追加
export async function generateMetadata(context){
    const response = await fetch(`${process.env.NEXT_PUBLIC_URL}/api/item/
readsingle/${context.params.id}`, {cache: "no-store"})
    const jsonData = await response.json()
    const singleItem = jsonData.singleItem
    return {
        title: singleItem.title,
        description: singleItem.description
    }
}
// ↑追加

const UpdateItem = (context) => {
    return <MyPage {...context}/>
}

export default UpdateItem
```

同じ方法で削除ページにもメタデータを追加できます。

ここまでのコードは下記URLにあるので、参考にしてください。

URL https://github.com/mod728/nextjs-book-fullstack-app-folder-v2/tree/chapter10

04 本書を終えた後の勉強の進め方

ここまで読んでいただきありがとうございました。最後に今後の学習について紹介します。

　本書をここまで読み終えることのできた人は、Next.jsとReactをひとりで使うための基礎的な力を身に付けたといっていいでしょう。学びがもっとも多く、進んでいるという感覚をもっとも味わえるのは、本書のような教材を使っている時ではなく、自分で自主的に開発をしている時です。そこではつまづくことも多いでしょう。ささいなエラーの解消に数日かかることもあるでしょう。しかしその小さな積み重ねだけが唯一、自分の理解と自分の人生とを前に進めてくれるものであり、振り返った時に「充実していた」と感じられる時間なのです。

　ビギナー向けの本書でカバーできなかった重要事項は数多くあります。さらに理解を深めたい人は、下記項目の学習を重点的に進めてみましょう。

- JavaScriptの関数（function）
- JavaScriptの非同期処理（await／async／promise）
- Reactのstate（useState）
- ReactのuseEffectの働き
- Next.jsのレンダリング（SSR／SSG／ISRなど）
- Next.jsのServer Actions
- Next.jsのキャッシュの仕組み

あとがき

　本書出版のお話をいただいたのは、2023年7月25日、日本からポーランド第二の都市クラクフに着いた日でした。東京からの、乗り換えを含む非常に長いフライトの果てに行き着いた深夜のクラクフのホテルで、翔泳社の宮腰さんから届いていたメールを読んだ時のことです。

　それから丸一年が経ち、私はまた再び、日本のあの暑い夏を避けてクラクフへとやってきて、今このあとがきを書いています。執筆の作業は3月末ですでに終わっているものの、校正のプロセスはまだ続いており、商業書が出るまでには実に長い時間がかかるものだと思うと同時に、自分ひとりだけで作っていたのでは決して到達できない領域、つまり「他の人と一緒に作り上げる」という共同作業でのみ行ける領域があることを痛感しています。

　このような長い間、宮腰さんには大変お世話になりました。初めての商業書を書く機会を与えていただいたことと合わせ、この場を借りて深くお礼を申し上げます。また本書の検証を細かく丁寧に行っていただいた村上さまにも感謝申し上げます。そして、これまで私を誰よりも支えてくれた私の父と母、兄にも、この場を借りて「どうもありがとう」と伝えたいと思います。

2024年7月25日
三好アキ

INDEX

記号・数字

!token ……………………………… 144, 279
.css ………………………………………… 32
.env.development ファイル ……… 304
.env.production ファイル ………… 304
.gitignore ファイル ………………… 304
[id] フォルダ ………………………… 95
\<a\> ……………………………………… 232
\<button\> ……………………… 200, 211
\<div\> ………………………………… 230
\<form\> ………… 186, 200, 208, 248, 259
\<Image\> ………………… 231, 232, 272, 313
\<input\> …… 194, 195, 208, 218, 258, 259, 263, 264, 272, 312
\<Link\> ………………………… 231, 232
\<meta\> ……………………………… 319
\<textarea\> ……… 258, 259, 263, 264, 272
\<title\> ……………………………… 319

A/B/C

action ……… 186, 201, 203, 211, 251, 252
All repositories ……………………… 158
allItems ……………………………… 6, 227
Angular ………………………………… 14
API ……………………………………… 160
API サーバー …………………………… 10
api フォルダ
………… 32, 39, 41, 45, 90, 118, 201, 212
app フォルダ … x, 33, 37, 39, 68, 94, 138, 139, 167, 172, 180, 293

App ルーター ……………………………… iv
async ……… 75, 202, 210, 241, 243, 283
Authorization ……………………… 255
await ……………… 74, 75, 81, 98, 147, 202, 210, 243, 283, 310
backgroundColor ………………… 172
body ……………………… 57, 190, 209, 223
boolean ………………………………… 78
className …………………………… 171
Cloudinary ……………………… iv, 306
Code Splitting ………………………… 17
components フォルダ ……………… 295
connectDB() …………………………… 75
Console ……………………………… 214
console.log() ……… 72, 74, 99, 101, 144, 147, 214, 223, 224, 239, 242, 287
console.log(item) ………………… 229
console.log(name) ………………… 196
console.log(savedUserData) …… 127
const token …………………………… 147
context ………………………… 99, 238, 267
context.params.id
……………………… 101, 104, 107, 111, 265
Create …………………………………… 13
create() ………………………………… 80
CreateItem …………………………… 261
create-next-app ………………… 28, 31
create フォルダ …………… 41, 49, 53
CRUD …………………………………… 12

327

CRUD操作 ·· 12
CSS ··· iv
CSSのスタイル ······································ 292

D/E/F

database.js ····································· 74, 81
database.js ファイル ························· 69, 72
decodedJw ·· 149
decodedJwt ···························· 147, 150, 281
DELETE ····························· 12, 53, 110, 112
Delete ·· 13
DeleteItem ······································· 272
deleteOne() ····································· 111
dependencies ··································· 21
description ······························ 7, 232, 319
Downloads ······································ 27
e.target.value ······························ 194, 196
else ··· 291
email ·············· 78, 124, 125, 151, 198,
                    208, 250, 273, 288
event ··· 196
evt ·· 196
export ·· 79
fetch()
       ········ 188, 209, 218, 223, 237, 239, 254
findById() ································· 108, 124
findById(context.params.id) ··········· 123
findOne() ······································· 124
footer.js ··· 296

G/H/I

GET ································· 12, 48, 95, 188
get() ··· 256

getAllItems ······························ 222, 225
getSingleItem ·························· 239, 265
Git ·· v
GitHub ································ 156, 157, 304
GitLab ·· 156
globals.css ······························· 171, 293
globals.css ファイル ······················· 168
Google Chrome ································ vi
handleChange ································ 217
handleSubmit ······················ 187, 200, 248
header.js ······································· 296
headers ············· 190, 209, 223, 249, 254
height ··· 231
hello フォルダ ························ 34, 40, 48
highlight.js ······························· 175, 177
href ·· 232
HTML ·· 186
HTML + CSS + JavaScript ···················· 4
HTTP メソッド ············ 53, 105, 112, 119,
                                120, 188
if 文 ··· 126
image ··· 6, 77
imgInput.js ····························· 310, 311, 312
Incremental Static Regeneration ······ 17
Instagram ···································· 2, 14
ISR ·· 17
ItemModel ································ 79, 80
ItemModel.create() ························· 83
ItemModel.find() ··························· 89
items ·· 84
ItemSchema ·································· 150
item フォルダ ············ 40, 41, 44, 49, 90, 181

J/K/L

JavaScript ······························ iv, 10, 69
JavaScript フレームワーク ··················· 14
jose ··· 146
jsconfig.json ······························· 31
JSON ·························· vi, 54, 57, 82, 85
JSON Formatter ···························· vi
JSON Web Token ········ iv, 130, 132, 213
json() ································· 210, 251
JSON.stringify() ················ 199, 209, 249
jsonData ······················· 203, 211, 224
jsonData.token ························· 215
JWT ··· 132
jwtVerify() ····················· 146, 280, 283
layout.js ····························· 172, 297
loading ·································· 316
Local Storage ··········· 137, 214, 216, 278
localStorage.getItem() ······ 214, 215, 255
loginUserEmail ········· 282, 286, 287, 288
login フォルダ ························ 118, 183

M/N/O

map() ····························· 231, 232, 244
marginTop ······························· 172
message ·································· 48
Meta ·· 16
method ····························· 190, 223, 273
middleware.js ··· 138, 140, 141, 143, 164,
252, 280, 281
middleware.js ファイル ····················· 138
Model ······································ 78
MongoDB ················ iv, 58, 59, 66, 68, 85
MongoDB Atlas ······················ 59, 74
mongoose ······························ 20, 69
mongoose.connect() ···················· 74
My Local Environment ················· 65
myPage.js ································ 320
name ································ 192, 198
Netflix ····································· 14
newUser.email ························· 217
next() ····································· 140
next.config.mjs ··························· 31
Next.js ···················· iv, 16, 26, 153, 285
Next.js トップページ ······················ 36
NextResponse ········· 35, 56, 70, 81, 144
Node.js ··································· 19
node_modules ·························· 30
npm ······································· 19
npx ·· 28
number ·································· 78
ObjectId() ······························· 108
onChange ······························ 194
onClick ·································· 174
Only select repositories ················ 158

P/Q/R

package.json ····················· 21, 24, 31
package-lock.json ······················ 31
page.js ······· 168, 180, 181, 235, 259, 271
page.js ファイル ························ 37, 183
Pages フォルダ ·························· 39, 103
params ····························· 100, 238
password ················ 116, 125, 198, 208
payload ·································· 281
POST ····························· 12, 53, 119, 188
preventDefault() ······················· 200

price	7, 77, 250, 273
props	312
public	30
publicフォルダ	312
PUT	12, 53, 105
Quickstart	63
React	v, 14, 169, 186
Reactクライアントコンポーネント	174
Reactフレームワーク	153, 304
Read	13
read	183
README.md	31
readsingle	235
registerフォルダ	118, 180
reqBody	82, 106, 111, 151, 190
request	56, 70, 74, 190
Request	139
request.json()	111
required	116, 185
Response	139
response	201, 210, 241, 251
response.json()	202
return	244, 264
revalidate	226
Route Handlers	160
route.js	34, 38, 41, 44, 45, 49, 142
route.jsファイル	40, 53, 95, 110
router	283

S/T/U

Safari	4
savedUserData	127
Schema	78, 82, 117
schemaModels.js	76, 114
Security Quickstart	64
SEO設定	17
Server Actions	v, 160
Server Side Rendering	17
setImage	312
setName	193, 194, 196
setName()	217
setNewUser()	218
setPassword()	217
SignJWT()	132, 134
singleItem	77, 102, 151
SSG	17
SSR	17
state	214
Status	52
stream	57
string	78
String	115
substring()	232
SyntheticBaseEvent	196
throw	72
Thunder Client	23, 50, 51, 54, 74, 83, 162
title	7, 77, 250, 250
token	144
try catch	70, 145, 310
try catch文	75, 98
Uber	14
undefined	57
Update	13
UpdateItem	261
updateOne	108

updateOne()	107, 108, 111
update フォルダ	259
URL	103
useAuth.js	285, 286
useAuth.js ファイル	277
useEffect	174, 191, 265, 282, 283, 316
user フォルダ	40, 41, 181, 183, 201
useState	174, 175, 191
useState("")	192
utils フォルダ	68

V/W/X/Y/Z

value	194
value={name}	194
Vercel	v, 17, 156, 157
verify()	281
VS Code	vi, 22, 68, 85
Vue	14
width	231

あ

アイテム	48, 59
アイテムデータ	162, 220, 267
アイテムの削除	110
アイテムの作成	48, 59
アイテムの修正	104
アイテムのページ	97
アイテムの読み取り	87, 91
アイテムページ	43
アクション	2
アプリケーション	2, 3
インストール	26
ウェブアプリケーション	2, 153
ウェブサーバー	10
ウェブサイト	2, 3
エクステンション	23
エラー	24

か

解析したトークン	150
カスタムフック	278
画像のアップロード	306
共通コンポーネント	292, 293
クライアント	10
クライアントコンポーネント	177, 178, 187, 206
クリーンアップ	168
コード分割	17

さ

サーバー	10
サーバーコンポーネント	174, 177, 178, 187, 304
削除	12, 13
削除ページ	270
作成	12, 13
シークレットキー	133, 134, 280
失敗	80
修正	12, 13
真偽値	78
数値	78
成功	80
静的ファイル	30
接続 URL	72
相対パス	31

た

- ターミナル ……………… 18, 26, 74, 143
- ダイナミックページ ………………… 103
- ダウンロード ……………………………… 14
- ダウンロード型アプリケーション …… 14
- ダミーデータ ………………… 267, 273
- データ送信処理 ……………………… 191
- データ投稿 …………………………… 246
- データの作成 ………………………… 103
- データの修正 ………………………… 103
- データベース … 10, 58, 76, 109, 122, 212
- デプロイ ……………………………… 156
- トークン ………………… 143, 147, 213
- トークン方式 ………………………… 130
- 独自フック …………………………… 278
- 特定のレポジトリ …………………… 158
- トップページ …………………………… 42

は

- バックエンド ……… 4, 9, 11, 58, 131, 277
- バックエンドURL ……………………… 300
- バックエンド開発 ………… 32, 40, 202
- バックエンド機能 ……………………… 17
- バックエンドサーバー ………………… 10
- バックエンドフォルダ ………………… 34
- パッケージマネージャー ……………… 20
- 判定 …………………………………… 150
- ひとつだけデータの読み取り ……… 103
- ひな形コード ………………………… 180
- ひな形フォルダ ………………………… 94
- ファビコン …………………………… 167
- フォルダの構成 ………………………… 38
- フルスタックアプリ …………………… 10

ま

- フレームワーク ………………… 10, 153
- プログラミング言語 …………………… 10
- フロントエンド
  …………… v, 4, 9, 11, 131, 139, 140, 277
- フロントエンド開発 ………………… 166
- ペイロード ……………… 133, 134, 149
- ページの表示を制限 ………………… 277
- 編集ページ ………… 258, 270, 289, 315
- メールアドレス ……………………… 122

ま

- メタデータ …………………………… 319

や

- ユーザーデータ ………………… 126, 204
- ユーザー登録機能 …………………… 114
- ユーザー登録ページ ………………… 184

ら

- ランダムな文字列 ……………………… 93
- リクエスト …………………………… 144
- リクエスト回数 ……………………… 226
- レスポンス …………………………… 201
- 列 ………………………………………… 78
- ローディング ………………………… 315
- ログイン機能 …………………… 122, 130
- ログイン失敗 ………………………… 129
- ログイン状態 …………… 130, 138, 216
- ログイン成功時 ……………………… 213
- ログインデータ ……………………… 163
- ログインページ ………… 205, 212, 279
- ログインユーザー ……………………… 149

PROFILE

著者プロフィール

- 三好 アキ（みよし・あき）
  これまで欧州数ヶ国に住み、海外クライアントの案件を多く手がけてきたため、日本語の情報が少ないテクノロジーやツールの最新情報に精通。最新の知見を活かしながら、ウェブ関連分野の課題解決を行う。

- ウェブサイト
  URL https://monotein.com

装丁・本文デザイン	森 裕昌
本文イラスト	オフィスシバチャン
カバーイラスト	iStock.com/Macrostore
編集・DTP	株式会社シンクス
校正協力	佐藤 弘文
検証協力	村上 俊一

動かして学ぶ！Next.js/React 開発入門
（ネクストジェイエス リアクト）

2024年 9月19日 初版第1刷発行

著 者	三好 アキ（みよし・あき）
発行人	佐々木 幹夫
発行所	株式会社翔泳社（https://www.shoeisha.co.jp）
印刷・製本	株式会社シナノ

©2024 AKI MIYOSHI

＊本書は著作権法上の保護を受けています。本書の一部または全部について（ソフトウェアおよびプログラムを含む）、株式会社翔泳社から文書による許諾を得ずに、いかなる方法においても無断で複写、複製することは禁じられています。
＊本書へのお問い合わせについては、iiページに記載の内容をお読みください。
＊落丁・乱丁はお取り替え致します。03-5362-3705までご連絡ください。

ISBN978-4-7981-8467-8
Printed in Japan